摆脱焦虑的纠缠

[英]杰西米·希伯德
乔·乌斯马 著

刘 雅 译

知识产权出版社
全国百佳图书出版单位

图书在版编目（CIP）数据

摆脱焦虑的纠缠/（英）希伯德（Hibberd, J.），（英）乌斯马（Usmar, J.）著；刘雅译. — 北京：知识产权出版社，2015.8

（心理自助口袋书）

书名原文：This book will make you calm

ISBN 978-7-5130-3699-3

Ⅰ. ①摆… Ⅱ. ①希… ②乌… ③刘… Ⅲ. ①焦虑—自我控制 Ⅳ. ①B842.6

中国版本图书馆CIP数据核字（2015）第183834号

THIS BOOK WILL MAKE YOU CALM BY DR JESSAMY HIBBERD AND JO USMAR
Copyright：©2014 BY DR JESSAMY HIBBERD AND JO USMAR
This edition arranged with Quercus Editions Limited
Through BIG APPLE AGENCY, INC., LABUAN, MALAYSIA.
Simplified Chinese edition copyright：
2015 INTELLECTUAL PROPERTY PUBLISHING HOUSE Co，Ltd
All rights reserved.

本书中文简体字翻译版由 Quercus Editions Ltd. 授权知识产权出版社有限责任公司出版。未经出版者书面许可，不得以任何形式复制或抄袭本书的任何部分。

责任编辑：常玉轩　　　　**责任校对**：孙婷婷
封面设计：陶建胜　　　　**责任出版**：刘译文

摆脱焦虑的纠缠

[英] 杰西米·希伯德　乔·乌斯马　著
　　　　刘　雅　译

出版发行：	知识产权出版社有限责任公司	网　址：	http://www.ipph.cn
社　址：	北京市海淀区马甸南村1号（邮编：100088）	天猫旗舰店：	http://zscqcbs.tmall.com
责编电话：	010-82000860 转 8572	责编邮箱：	changyuxuan08@163.com
发行电话：	010-82000860 转 8101/8102	发行传真：	010-82000893/82005070/82000270
印　刷：	北京科信印刷有限公司	经　销：	各大网上书店、新华书店及相关专业书店
开　本：	880mm×1230mm　1/32	印　张：	7.125
版　次：	2015年8月第1版	印　次：	2015年8月第1次印刷
字　数：	95千字	定　价：	28.00元
ISBN 978-7-5130-3699-3			
京权图字：01-2015-5003			

出版权专有　侵权必究
如有印装质量问题，本社负责调换。

作者的话

我们生活在一个日新月异的时代,有时候生活会很艰难。我们常常受到来自不同方向的力量的推动和牵引,有些压力是外部引起的,而最重要的压力却源于自己,我们可以奋起同这些压力抗衡。伟大的选择伴随着巨大的责任,而这常常会成为滋生压力、不幸福和自我怀疑的温床。总的来说,很少有人(即便可能有)觉得自己可以完美地应对工作、人际关系和生活。我们中的大多数会时不时地寻求一些帮助,它会推动我们学会改善自己的心情,改变自己对待生活的方式,以及让自己变得更加满足。

这个系列的目标在于帮助你理解为什么你会以现在这样的方式感受、思考和行动,然后授予你工具,好让你做出积极的改变。我们并不迷恋于医学术语,所以我们尝试着让所有文字都易懂、切题并令人愉快，因为我们还知道，你希望尽快尽可能地取得进步。这些简明又实用的指南向你展示了要如何专注于自己的思考，如何获得处理策略，以及如何学习有用的技术以用更积极的方式来面对任何事或所有事。

我们认为，自助书籍并不一定是难懂的、无价值或高傲的。我们根据自己的职业经验和最新的研究，呈现了一些我们觉得有用的趣事和例子，希望你们也觉得有用。丛书的题目是按不同的问题进行划分的，如睡眠、幸福、自信和压力等，所以你可以专注于你最感兴趣的领域。

我们的书籍以认知行为疗法的框架为基础。认知行为疗法是一种极为成功的治疗方法，可用于治疗多种问题，我们确信它能够帮助你处理你所面临的任何问题。

在这些书里，你会经常遇到一些叫做"认知地图"的图示。它们都很好理解，也是很好用的东西。认知地图以认知行为治疗为基础，它展示了想法、行为或感受是如何联系在一起的，它将问题分解成小块，这样问题就不会显得那么有压迫性了，它还给出了一些选项用于帮助你做出改变。

练习和检查列表贯穿全书，这些是用来指引你的，你可以按这些步骤进行练习，同时，它们还可以显示你的感觉是怎样的。我们要让改变成为你的日常一部分，并让改变更容易些，因为仅仅靠阅读理论你无法到达这个水平。只有将学到的所有知识都付诸实践，只有改变你在日常生活中的体验，才能确保自己可以长期感觉良好。

你可以选择变得更好，而这些书恰是教你要怎么变好。

祝你好运！你可以登录我们的网站 www.jessamyandjo.com 联系我们，并告诉我们你进行得如何。

前　言

如果在字典里查"平静"这个词，你可能会碰到类似"暴风雨前的宁静"或"海滨小屋般宁静"之类的短语。这样的类比不仅适合用来描述自然现象，也同样适合描述人的大脑中发生的事情。人类生下来就要既体验平静、又体验暴风雨般的感觉，其情绪往返于情绪域的两端，从绝望到欣快。遗憾的是，我们应对环境、社会和心理压力时通常只感到压力、担心或焦虑，最后我们陷在旋风般的紧张中。如果有人经常或一直有这样的感受，那么这将严重地危害到他们的身心健康。如果你一直感觉恐慌或焦虑，那我敢和你打赌（这是假设，我们可不想让你再担心别的事情），你的身体健康正在出问题，你的想法基本都是消极的，你的行为常常违背了你的个性特征。

压力、焦虑和担心：祸不单行

人们常常会有心跳加速的感觉，或者感到胃像打了个结，大多数人会笼统地将其归咎在"压力"这个似乎包含了所有内容的统称之下，但是事实上，担心和焦虑是很不一样的两头野兽。在后面的章节中我们会更详尽地解释它们的不同，但现在，我们只想说，它们都能让你感觉自己对事物失去了控制感。

在生活中体验压力、焦虑和担心是很自然的事情。我们一直在不同的社会角色中面临着压力，比如作为朋友、亲戚、伙伴、家长、同事、邻居和学生等。每天，我们都要戴上很多不同的面具，我们不仅必须按照各自的成功标准来生活，而且，还必须按照整个社会以什么来衡量成功来生活。社会期望我们获得什么或怎样行动，这种期望标准通常都很吓人，它会使我们质疑自己的能力。截至 2012 年 5 月，英国一年内因压力导致的住院病人增长了 7%，而截至 2010 年，有 44% 的美国人认为自己的压力水平在 5

年内有所上涨，这些都反映出，我们所生活的时代是一个高要求的时代。压力会影响到每个人，而无能感会让生活变得艰难。

压力、焦虑和担心会对你的生活产生巨大的影响，因此学会用平静的方式处理事情和问题非常重要。当你面临巨大压力时，生活会有一种失控感，但你完全可以挽回这一切。好消息是，你可以采取很多积极措施来使自己变得更为平静，让自己的生活更受掌控，并因此更加幸福，而本书正是要告诉你该怎么做。

为什么选择这本书

我们（两位作者）都体会过压力和焦虑，并且相信这样一本书真的会有所帮助。我们努力让文字尽可能简单明了，我们保证不让你受一些与你无关的医学废话的困惑。如果压力、焦虑和担心已经侵蚀了你一天、一周、一个月，或一直在困扰你，请尝试一下我们的策略。然而，如果你的压力水平已经严重影响到你的工作或家庭生活，你也应该考虑去咨询你的家庭医生，并做一下检查，以防你需要更加专业的帮助。不过在此之前先尝试一下我们的技术与策略也没什么坏处。（在本书的后面，我们列举了一些有用的资源。）

我们百分之百地确定，《摆脱焦虑的纠缠》真的对得起这个书名，它可以教你一些方法，提升你的处理能力以应对日常生活中的压力。我们自始至终都会给出一些贴士和工具，它们能为你提供简单又有效的方法，帮助你学会如何处理短期和长期压力。你将学会如何停止打击自己，如何抛弃对完美的无谓追求（顺便说一下，完美是不存在的），以及如何摒弃自我感觉不够好的想法。简单地说，你将学习怎么享受生活。

这本书如何起作用

这是一本非常实用的书，一本关于如何让心情平复的手册。我们建议你投入一些时间和精力,完全吸收本书提到的所有东西,并尝试书中建议的所有策略。你可以跳着看各章节,但我们还是会鼓励你按照顺序阅读,因为每一章都是以前一章的内容为基础的。

本书以认知行为疗法的框架为基础,在第 2 章我们将对此进行更为详细的描述。这是一种非常有效的、以问题为导向的方法,你可以从中找到实际可行的方式来管理现在。你将学习一组原则和技术,它们可以帮你处理你正面临着的问题(以及新问题),这些知识是可以伴你终生的。

如何最有效地使用本书

- 将所有的策略都试一遍,而不是局限于快速浏览(策略都用"Ⓢ"进行了标记)。这些策略已被证明是有效的,我们不会在你身上做实验。如果你在这上面投入了时间和精力,它们绝对会让你的生活变得更好。有一些策略可能比较适合你，另一些则相对不适合，不过最好全部都试一遍，这样你才能找到可能最适合自己的策略，它会让你立即恢复平静。

- 练习。如果有些事无法立竿见影，那么请再试一次。和其他任何事一样，你练习的次数越多，你就越熟悉这些新思维和新行为。接纳一个新习惯是需要一些时间的，不过你用得越多，就能越快将它们变成你的第二本性。
- 买一本新笔记本专门用于记录本书中的特别提示。我们提供的策略中有一些需要你将事情写下来或画出来。回顾自己之前写下的东西，看看自己已经进步了多少，这是很激动人心，也是非常实用的。同时，将事情写下来有助于记忆，可以让你脑海里做出改变的决策变得更加坚定。

我们由衷地相信，尽管压力、焦虑和担心是日常生活的一部分，但你的生活没有必要被它们左右，你可以拿到控制权，这样一来，你就会觉得更开心、更自信和更平静。

目　录

01　理解压力　002

02　认知行为疗法　026

03　深呼吸　046

04　向焦虑进攻　066

05　压力控制　086

06　假如你不再想"如果……怎么办？"　110

07　正确看待担心　130

08　现实检查　146

09　停止拖延……此刻！　168

10　怎么保持平静　186

01 | 理解压力

压力有多个面孔——可表现为沮丧、害怕和恐慌。在这里,我们解释了什么是压力、它与担心和焦虑的关系,以及压力为什么会影响你的生活。理解压力是学会如何管理压力必不可少的一步。

什么是压力、焦虑和担心

想法、行为、情绪和生理健康本质上都是相互联系的。例如,如果你感到嫉妒,那你的想法就可能变得消极,行为会变得恶劣,生理上则会表现出心跳加速。这些过程都同等重要,也不存在某个过程就比其他过程特殊,以至于能够引发其余所有过程。这完全取决于你是什么类型的人和你所处的情境如何。例如,你可能会消极地看待某些事情,这就会使你的行为方式也变得消极,所有这些因素又反过来让你难过并引起生理上的紧张。

这是一个恶性循环(图 1.1):

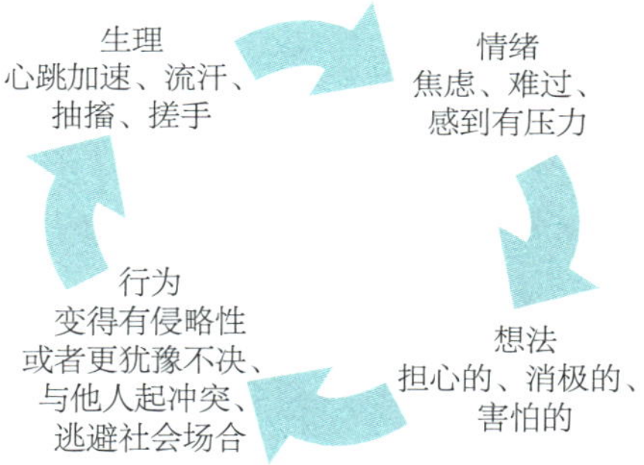

生理
心跳加速、流汗、抽搐、搓手

情绪
焦虑、难过、感到有压力

想法
担心的、消极的、害怕的

行为
变得有侵略性或者更犹豫不决、与他人起冲突、逃避社会场合

图 1.1 想法、行为、情绪和生理表现之间的关系

压力、焦虑和担心

压力：对情境或事件的一种反应，这种情境或事件让你觉得有压迫感。压力不仅造成情绪和生理影响，还会影响你的想法和行为。

焦虑：一种情绪。与压力有关，害怕失败，或知觉到威胁或危险。

担心：关于未来的一种消极思维过程，例如"如果……怎么办？"

波皮的困境

情景一：波皮的女儿在严重的咳嗽声中醒来——无论如何她都去不成学校了。波皮必须待在家里照顾她，但糟糕的是，她已经安排好在办公室开一个重要的会议。波皮感到有压力是因为她正处在一个压力情境之下，但她并不焦虑，因为她可以重新安排会议，并且不会带来任何重大影响。

情景二：波皮要和一位重要的国际客户开会，且客户仅在当天有空。她对当前的压力感到焦虑，因为取消会议造成的可能后果让她感到害怕。这引发了她的担心，比如"如果他把生意转到别处去怎么办？如果他认为我不靠谱怎么办？我无法承担失去这位客户……"这些想法可以透过生理反应表现出来，可能是心跳加速、胃像打了个结或者双手颤抖。

我们十分确信，每个人都曾在某个时刻被某个心怀好意却十分烦人的家伙劝导过要"冷静"。至于这些意见，可以说是完全没用的。你根本不可能就这样消除压力、焦虑和担心，而劝导的人，不管他是多好心都只会让情况更加恶化而已。不过，有一些实用的方法可以让事情得到控制，这样下次再遇见别人劝你冷静时，你就不会想着要揍他了。

感受压力

压力以不同的方式、在不同时刻影响着不同的人。造成人们压力的原因显然是因人而异的，但确实有一些共同因素在影响着我们所有人。

一般压力源属于外在因素，能够影响我们的生活以及决定我们将面对多大的压力。在形成"如何衡量自己"这个想法的过程中，经济不景气、社会期待、流行文化和政府都起了一定的作用。例如，全球经济危机已经改变了我们对未来的计划，而社会上"拥有一切"的论调也影响了我们，决定了我以为他人拥有什么和他人认为我应该拥有什么，让我们求胜心切（没男朋友？失败；讨厌自己的工作？失败）。整个"适者生存"的戏码不只是和穴居人有关。人是社会性生物，我们生下来就会为寻找生命的意义而奋斗。如果你认为你还没有为这个挑战做好准备，那么它一定会对你的前景产生消极的影响。

还有个人压力源。对两个不同的人来说，相同的事件可以具有完全不同的意义。甚至，同一事件对同一个人来说，也可能因为发生的时间不同而有完全不同的意义。假如某个周五晚上，你从办公室解脱出来朝酒吧走去，经过糟糕的一周，你值得来杯鸡尾酒。你走到外面，深吸了一口自由的空气……然后，你的老板给你来电话了。显然，你一直在做的项目出了问题，所以你必须马上打电话给远在加拿大的同事。你感到有压力，同时觉得很生气，所以就迈着沉重的步子回到办公桌前。或者你可以想象，在某个周一晚上，当你正要参加某个无聊的晚宴，你已经为此烦恼好几天了，你的老板这时候打电话来找你。太棒了！因为现在你有了一个完美的借口可以缺席这个宴会，而且，即使那个工作电话是个灾难，你也有一整周时间可以处理。

积极的压力

不要误会，不是所有压力都是不好的。压力可以驱使你追求并进而获得成功，同时它也是体验成就感的必要因素。做自己感兴趣的事当然高兴，但当你感到无聊或者受了刺激时，你的表现会变差。因为你没有投入，所以你就不在乎结果；或者你做的事情太简单了，以至于即使完成了也没有成功的喜悦。

压力可以让人兴奋。你要面对 200 个人做演讲，当你的身体瞬间被唤醒、思绪开始翻腾，你就做好了演讲的准备。人通常在感到紧张的时候表现得最好。你会非常警觉地步入舞台，你也可能因此而表现得更好。在整个过程结束后，你的成就感将取决于你的努力程度和感受到的压力。

生存能力是我们与生俱来的。由于紧张感在增加，所以我们也越来越能面对压力。我们的心脏向身体泵出了更多的血液，我们变得更有活力，也更警惕，我们足以面对任何必须要面对的问题。然后，这种感觉会有一个顶峰。就像一个有缺陷的锅炉，里面的所有东西都在愉快地持续膨胀，直到压力越积越多，管道破裂，最终整个爆炸了。在你开始觉察到自己对某个情境失去控制时，你也就开始感到焦虑和无力应对了（图 1.2）。

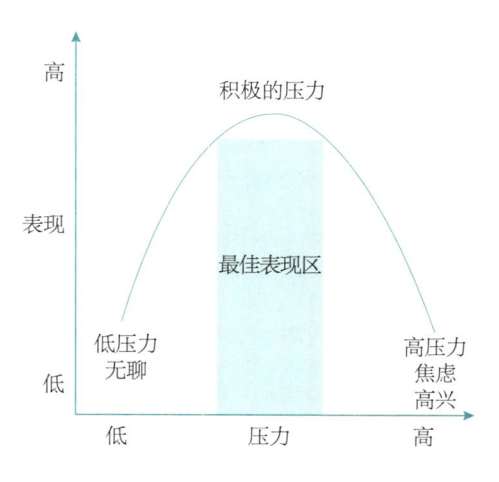

图 1.2 压力和表现的关系

我们如何体验压力

任何人，如果觉得自己无法应对所面临的压力，他将会表现出：

- 心事重重；
- 痛苦；
- 孤立（他们开始避免一些能让其压力更大的情境，或者回避让自己担心的事情）；
- 过度敏感。

露西的贷款

露西刚刚发现自己还欠500英镑的贷款没还，她必须马上还钱，不然银行就会收取很多利息。她对此没有预算，所以没钱还贷。她必须向父母借钱，但是这让她感觉很糟糕，理由如下：
她已经28岁了，觉得自己不应该再向父母要钱了。

父母已经退休，靠退休金生活。这些钱是他们生活所必需的。

她一开始没跟自己的父母报备贷款事宜，如果现在她打电话给他们，这对他们来说将意味着双重坏消息。

压力使她在工作的时候走神，她错过了一个重要会议，所以现在她必须让老板再把事情给自己说一遍。她还冲着某个同事大喊，因为他让她做这做那。她的心怦怦跳，觉得头都大了。她情不自禁地认为，让父母替自己还贷款这件事会给她和父母之间的关系带来灾难。

我们将把露西的故事放在一个叫"认知地图"的简图里（图1.3）。你会发现本书将一直使用这种方法来揭示想法、行为、身体健康和情绪之间是如何联系的。

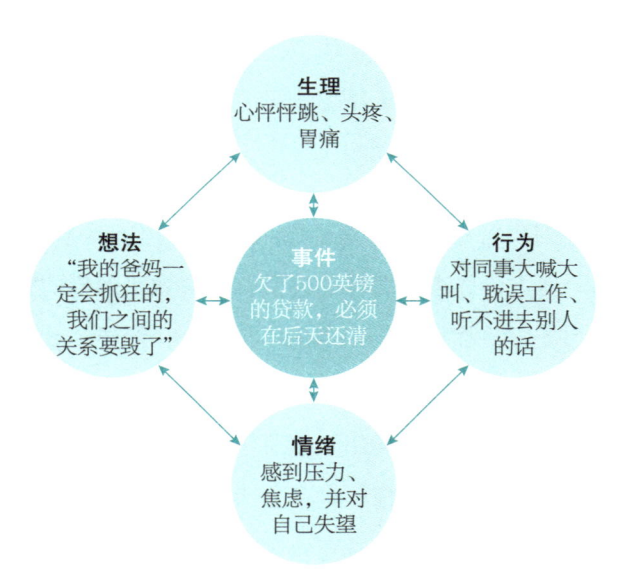

```
        生理
   心怦怦跳、头疼、
        胃痛

想法                          行为
"我的爸妈一    事件      对同事大喊大
定会抓狂的，  欠了500英镑   叫、耽误工作、
我们之间的   的贷款，必须   听不进去别人
关系要毁了"  在后天还清       的话

        情绪
     感到压力、
     焦虑，并对
     自己失望
```

图 1.3　露西的认知地图

压力的症状

在本书接下来的内容中，我们列出了一些最常见的压力症状。或许你能认出其中某些症状，而其他症状，则可能更让人吃惊一些。或许之前你还没有将某个特定情绪或生理感受与压力联系在一起。例如，如果你经常生气，你也许就会认为这是因为你就是"这

样的人"，而不是因为压力。人们常将自己归类为"忧虑者"或"悲观主义者"，却不去寻找隐藏在这种根深蒂固的思想背后的原因。

这个列表可能看上去有点令人生畏，但却是事实。面对压力，你有什么样的感受，你会做出怎样的行为和反应，都是完全正常的。每个人，没错，就是每个人，都会经历压力，尽管每个人的反应可能千差万别，但路数大体相同：人们可能会变得亢奋，想要一次做完所有事情；他们会大量饮酒、不停地社交，甚至连讲话语速都更快了。或者，也有很多人面对压力时表现完全相反：他们变得退缩和安静；他们会质疑自己和自己的决定；他们会不断地寻求保证，开始将自己与亲朋好友隔离开来，因为他们想要避开所有可能带来压力的情境。同时，经历上述任何症状几乎都足以引起你失眠。睡眠凌驾于其他所有因素之上，缺少睡眠能让你产生彻底的疯狂感。而所有上述因素都会使你感到疲倦，因此要在第一时间处理压力源也就变得更为困难了。

人各不同，但是无论你在经历什么样的症状，都请再次明确一点，这些症状是完全、绝对正常的。

ⓢ 症状清单

从下述症状中勾选出符合你自身的症状。开始思考你个人对压力的反应，这是一件好事，能促使你思考，是什么引起你如此感觉，以及你的各种反应又是如何联系的。这对后面学习各种应对策略来说是很好的开端，后者将真刀真枪地检测你的压力诱发物。

情绪／情感

- ☐ 焦虑的
- ☐ 急躁的
- ☐ 恐慌的
- ☐ 沮丧的
- ☐ 郁闷的
- ☐ 失控的
- ☐ 生气的
- ☐ 害怕的
- ☐ 罪恶的
- ☐ 敏感的
- ☐ 羞耻的
- ☐ 防御的
- ☐ 不安全的

行为

- ☐ 喝酒／抽烟／使用毒品行为增加
- ☐ 暴食或节食
- ☐ 拖延
- ☐ 咬指甲
- ☐ 冲人大喊大叫
- ☐ 时间管理技能弱
- ☐ 分心／注意力不集中
- ☐ 没有让人愉悦的活动／不再照顾自己
- ☐ 难以决策
- ☐ 易发生事故／变得笨拙
- ☐ 变成工作狂
- ☐ 缺勤／退缩（包括职业和社交）
- ☐ 变得鲁莽
- ☐ 亢奋／总是急匆匆
- ☐ 说话更多／更快
- ☐ 健忘（例如：忘记带钥匙／忘记上锁／忘记给某人打电话／把钱包落在家）
- ☐ 不断地寻求保证

想法

- ☐ 担心的和消极的
- ☐ 自我关注（全世界都和我过不去／为什么这

个总是发生在我身上?)
- ☐ 自责(这是我的错/我总是搞砸)
- ☐ 比较(她就不会把这个搞砸)
- ☐ 害怕最坏的结果到来
- ☐ 怀疑自己的处理能力
- ☐ 凡事都自己做
- ☐ 迷迷糊糊
- ☐ 沉思(沉湎于某事,不停地想)
- ☐ 思维混乱

生理反应

- ☐ 身体不适
- ☐ 颈部和肩膀肌肉紧张,通常有疼痛感
- ☐ 肌肉抽筋或肌痉挛
- ☐ 紧张不安
- ☐ 胸口痛
- ☐ 心跳加速
- ☐ 便秘或腹泻
- ☐ 头晕
- ☐ 发麻
- ☐ 吞咽困难
- ☐ 感到松散或感到焦躁

- □ 失眠
- □ 注意力分散
- □ 胃口增加或降低
- □ 流汗
- □ 喘气
- □ 精疲力竭
- □ 疾病爆发／皮肤过敏
- □ 缺少快感
- □ 容易感冒、易被传染

我们为什么有压力

压力通常有两种类型：急性和慢性。

急性压力是最常见的一种形式，它由短期压力源引起。它源于你近期需面对的要求，包括不久前和不久后的。这种压力也是我们之前提到过的，它可以是很积极的压力。它可以驱使你成功，实际上还能让你感觉很赞。例如，求职面试可以导致急性压力，但是当面试结束且还不错时，你就会觉得兴奋，并为自己感到骄傲。即将举行的婚礼也可以产生急性压力，因为需要安排的事情那么多，大喜之日又如此逼近，但这是激动人心的事。在这里，时间尺度是一个重要因素。急性压力是由你正在处理的事情或不久后将要发生的事情引起的，无论是哪种情况，都有一个可见的时间截止点。如果你的车卷入了某个撞车事件，那么你就会对修车事宜以及数周内无车可开的情况感到有压力，但是车一旦修好了，这个压力也就没了。遗失手机、主持会议、在晚宴中见到你的前任、遗失重要文件等都是同样的情况。所有这些情况发生时都能带来可预期的压力。

控制也是很重要的一个因素。由于急性压力是常见情况，所以你可以对此有所作为（比如，你可以把你的车开去维修、着手准备会议或者回避你的前任）。正因为如此，也因为这些压力通常都有期限，所以急性压力产生的影响要小于慢性压力。

慢性压力属于长期压力，引起慢性压力的事物无明确结束期限，对于这些事物你很难控制。比如：婚姻不幸福，工作让人讨厌但是又不能没有薪水，家庭不美好，身体不健康或背负债务。这种压力可以让人彻底虚弱，并导致焦虑和抑郁。如果你一直与焦虑源生活在一起，那么它会逐渐剥夺你的自尊，让你质疑自己和自己的决策能力。你将永远感到疲惫和虚弱。每一件事都变得更难处理，压力像漩涡一样，还会卷进很多其他事情（比如，你在淡出社交，所以你还没有和朋友们碰面，你现在担心他们是怎么看你的，以及自己是否已经惹恼了他们），所以最初的压力源甚至不再浮现于脑海中。它只是一直处在背景的位置，就像永恒的白噪音。

慢性压力是很危险的，因为它可以变得如此内化，以至于人们都忘记了它的存在。它会变成生活中一个重要的组成部分，所以你体会到持续的紧张感是完全正常的。

急性压力和慢性压力都不是仅由已经发生的坏事情引起的，好事情没有发生也可能引起压力。例如，本来让你感到兴奋的求职面试，如果面试进行得很糟糕，如果你无法得到那份工作，就会导致你产生很多压力。或许你会开始想，接下来该做些什么，或你要如何跟亲朋好友交代这件事等。

失望和对失望的恐惧也是重要因素。也许，你特别害怕某件事情无法达到你的预期，因此你就给自己施加了不必要的压力，迫使自己做超乎能力范围的事；或者相反，你选择彻底放弃，此时，你的压力来自你把结果设定为失败。你甚至可能采取破坏行动来确保自己失败，这样当真的面对失败时，你就能体会到控制感。

这些思维方式都是以外在或内在需要为依据的。

外内和内在需要

外在需要：来自工作、家庭、最后期限、朋友、经济问题、法律、规则和法规。这个列表还能列出很多。这些东西都施加在你身上，给你提出各种各样的要求，但都不是你自己往自己身上强加的。

内在需要：这是你施于自己的压力，是你个人定义什么是可接受的和什么是不可接受的。例如，你即将要参加一场考试，考试结果对你的成绩没有任何影响，因为你已经以优异的成绩过了这门课。但是成绩好坏却与你自己有关，因为按照你个人的原则，你必须过。因此，你将自己置于巨大的压力下，并感受到了压力，这时你面对的不是任何外在压力。内在需要导致了自我批评、自我判断和可怕的高标准。

因此，压力是怎么产生的，它为什么会产生，不仅与你所面对的特殊事件或情境有关，还与你自己的内部判断、想法、希望和价值观有关。

或许你无法改变压力源本身，但是你可以改变你的处理和应对方式，这将对你的生活和总体幸福感带来巨大影响。

先天与后天

嘿，这是一个经典的争论：你之所以是你，有多少是取决于基因,又有多少是取决于后天培养?就压力而言,两者都起到了一定的作用。

先天:你的气质形成了现在的你。无论你对外展现的是哪一面,对内你总是按一定的方式对事情做出反应的。一些人会比另一些人更敏感,因此从先天来讲,他们就更容易有压力。你身体的唤醒反应(或战或逃)会发生得更快,并要花更长的时间才能平静下来。

后天:小时候对世界的体验会决定成年后的信仰系统。无论是积极的还是消极的,儿童时期学的东西都将对你如何看待问题和体验事物有影响。例如,如果你的父母是极为谨慎的人,他们就会教导你,要将某些事物视为威胁,因此你就更容易感受到压力。同时,如果你的父母不擅长处理压力,那么他们就不太可能教给你有效的压力处理机制。但是,如果你的父母属于乐天派,他们欢迎新事物,那么你长大后就会更有自信心来直面压力。

我们处理压力的能力随着经验的增加而增加（这和其他事情一样）。如果你因为害怕失败或害怕处理不好而尽可能地逃避新挑战，那么当那些无法忽视或避免的真正烦恼发生时，你就不太可能处理得好。当然，所有的规则都有例外，无论你在什么样的信仰系统长大，或者无论你遗传了什么样的基因，这都将对你如何看待和处理压力产生影响。

下一步……

我们会在这本书里教大家一些处理压力的策略和技巧。在学会如何改变行为模式和如何变得更为平静的过程中，第一个步骤就是要认清你的行为、想法和感受是怎样的，以及为什么会这样。

温馨提示

- √ 你可以改变自己对压力的反应方式,增强自己解决问题的信心。
- √ 学会管控短期和长期压力会让你更有控制感。
- √ 不要再让自己置于不必要的压力中了,记住,世界上没有完美的事情。

02 认知行为疗法

我们将解释认知行为疗法是什么,以及你将如何用它来击败压力、担心和焦虑。

什么是认知行为疗法

如果这是你第一次听说认知行为疗法（Cognitive Behavioural Therapy，CBT），那我们很荣幸，因为它可能听起来有点像科幻小说里的某些评估程序。好在事实远非如此。认知行为疗法是以证据为基础的一种心理治疗的方法，它是用来处理心理健康问题的。当然，压力、焦虑和担心都属于心理健康问题。

幸运的是，随着时代的变迁，心理健康不再是禁忌话题了。一些慈善机构（例如：MIND 和 Time to Change）和社会名流纷纷发起备受瞩目的运动，要求人们重视心理健康。所以当你提及心理健康时，人们不再抱头鼠窜。但遗憾的是，承认自己无法处理某些事仍旧会伴有耻辱感。你可以体会到,只因为你不能"整理好自己的心情",便会莫名地让所有人不开心。这样简直糟糕至极。一旦压力和焦虑的魔爪伸向你,它们就会成为严重的问题,对你的生活产生巨大的影响。相信我们,"克服它"并不是聪明的建议。你绝对不像你想的那样是一个失败者。你的感受是完全正常的。你能做的最好的事情,就是开始着手学习如何处理压力。这也是 CBT 的用武之地。

认知行为疗法是由贝克医生于 20 世纪 60 年代开创的,它是用于处理各种失调症的高效疗法,从抑郁症和焦虑症,再到失眠症和强迫症,也因此,这种疗法被英国国家临床规范研究院所推崇。认知行为疗法强调找到一种实用策略来处理你面临的问题。一旦你实践过这些技术,你将终生享有,无论何时,只要你需要,都可以回来求助于它们。

我们认为,你如何解释情境将影响你的情绪、行为、生理和想法。这也是认知行为疗法的基本依据。

用尽可能简单的话来说,你如何认知一个事件,将影响到你的所思所想,以及你的情绪和生理感受。你会积极地构建发生在你周围的事件的意义,并按此行事。

丽贝卡的愤怒

丽贝卡和她的男朋友杰克正准备一起买套公寓,这确实是一件大事。这不仅意味着他们要设法一起存出足够的钱,还意味着他们之间的关系要往前跨一大步。

他们几乎就要拿到公寓的钥匙了——只要他们签了合同并把钱汇过去。他们俩都很兴奋,在所有文件上潦草地签上名字,然后杰克带着这些文件去上班,好在上班途中顺路寄出去。他坚持要亲自做这件事。丽贝卡常常因为杰克的懒惰与他争吵,所以她觉得这次杰克是想要向自己证明,当事情重要时，他是能够做好的。她为他感到骄傲，并很开心他在乎这件事。

若干天以后，律师依然没有收到这些文件。律师通知他们，如果周一还不能收到文件，那整个交易就要作废了。丽贝卡对此感到恐慌，她问杰克为什么这些文件还没寄到，能否看一下邮局的收据。杰克怯怯地坦白说，自己没有亲自寄出这些文件，而是转交给了办公室实习生代办。他实在不知道这些文件会寄到哪里或者什么时候能够寄到。他可能将他们最隐私的财务细节全都寄到了一个永远无法到达的地方。

丽贝卡气疯了。

无疑，他是故意这样做的，为了证明闲散是一种更好的生活方式，但事与愿违。现在他们即将丢了公寓，而且这都是他的错！

她冲他吼叫，然后和一个朋友径直去了酒吧，她暴躁了一路。那个周末，他们俩几乎互不搭理。丽贝卡因为担心可能会发生什么事，备受焦虑的折磨。

周一早晨,律师做的第一件事就是告诉他们,文件已经收到了,所有事情都很顺利,他们拿到了那套公寓。当他们拿到公寓钥匙时,他们的庆祝受到了影响,显得有点伤感(图2.1)。

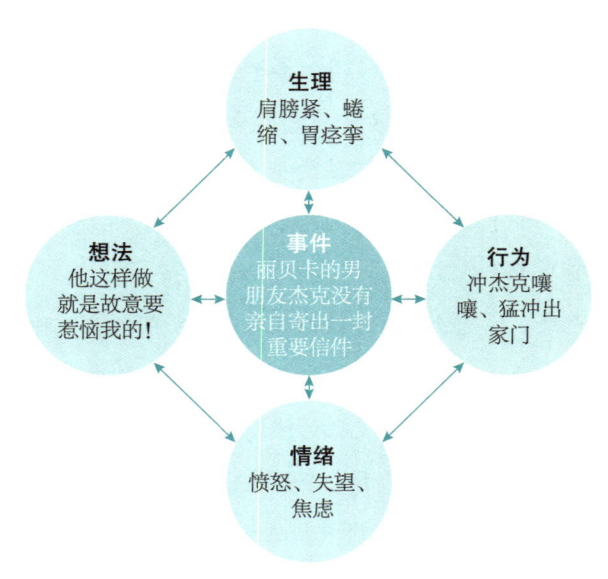

生理
肩膀紧、蜷缩、胃痉挛

想法
他这样做就是故意要惹恼我的!

事件
丽贝卡的男朋友杰克没有亲自寄出一封重要信件

行为
冲杰克嚷嚷、猛冲出家门

情绪
愤怒、失望、焦虑

图 2.1 丽贝卡的认知地图

图 2.1 是丽贝卡的认知地图。如果丽贝卡能更冷静，那她对这个事件的解释就会有所不同，产生的结果也会更好。她可以让杰克自己解释一番，他们可以一起解决问题（如果律师没有收到文件，也许可以考虑面签所有文件）。他们没必要一整个周末都在冷战和焦虑中度过，却无法分担各自的担忧。丽贝卡也可以退一步，并且承认，如果杰克做事总是走捷径，那么显然，他不是故意这样做来惹怒她，这不过是他一贯的处事风格。

认知行为疗法将教你如何真正地注意到自己在做什么，自己在生理上和情绪上的感觉怎样，并开始对自己的想法和想法的有效性进行审视。渐渐地，你就能从一个受压力诱导的本能反应者，转变为一个更冷静、更有分寸的人。

如何运用认知行为疗法来理解压力

认知行为疗法是关于认知的，你的压力不是来自真正的压力源而是来自你对它的解释。以丽贝卡为例，杰克没有像她希望的那样亲自将信件寄出去，这个事实让她感受到很大的压力，其中很大一部分原因是由于她将此事解释为是对她个人的冒犯和一个灾难性的先兆。如果她把此事解释为仅仅是因为杰克嫌麻烦，那她就能为自己省去很多挠心的感受。

心理学家阿诺德·阿扎勒斯指出，在面临压力情境时，人类大脑通常会经历两个阶段的解释（图2.2）：

初评价：是否存在问题？
再次评价：我能否处理这个问题？

压力事件 ⟶ 初评价 ⟶ 再次评价 ⟶ 生理反应 情绪反应 行为反应

图 2.2 面临压力时的反应

压力的产生不仅仅与问题的大小有关，还与你能否处理这个问题有关。这受很多因素的影响：你自己的外在和内在需要有多大，这个事件持续了多长时间（或将要持续多长时间），以及你是一个什么样的人。例如，周末你出去参加某个糟糕的团队培训，发现酒店停电了。大家都聚集在酒店的餐厅里等待来电。对此，你的初评价可能是："这是个灾难。现在我要和一群同事被困在某个狗屁旅馆里了，我还不能躲到房间里去。"然而，同样遭遇了此次经历的克莱尔可能会这样想："好吧，至少现在我们有个共同话题可以聊了。"初评价因人而异。你看到问题的地方，其他人可能会看到机遇。

初评价决定了你将某个事件解释为一个无法解决的问题还是一个可以克服的障碍，前者无法改变且会引起焦虑和情绪低落，后者则可以被克服并带来成长和发展。因此，挑战性事件既可以是破坏性的（你认为问题超出了你的能力范围），也可以是建设性的（可以正面解决问题）。

接下来是再次评价。你已经决定将停电视为问题，现在你要确定自己能否解决这个问题。如果你接下来的想法是："收银台无法工作，所以我连在吧台上买瓶饮料也不行，这是我人生中最惨的夜晚！"你的压力冲到了巅峰。然而，克莱尔之前已经认定停电不是个问题了，所以他会认为："至少经理相当幽默，而且他们还提供免费的食物。"

即使在一个人人都会觉得有压力的情境下（如停电），人们的再次评价还是会存在差异。如果你发现你的力量和能力都不足（例如和同事聊天的能力或者享受他们陪伴的能力），那你就会痛苦，并想要放弃。焦虑开始吞没你，它让一切事物都变味，使你消极地看待每件事。你将自动屏蔽所有好消息以适应你的消极观点："哼，免费赠送的这个三明治好恶心。"

我们在下面先画了认知地图，随后则有一个恶性循环图，它显示的是，当你消极地看待事情时，你的大脑在经历些什么。认知地图能够显示出，消极的初评价和再次评价将怎样影响你的行为、生理和情绪，而恶性循环图则表明，"我做不到"的想法、行动和感觉会滋生出更多的不安全感。所以，实际上可以说你在担心你的担心（图2.3）。

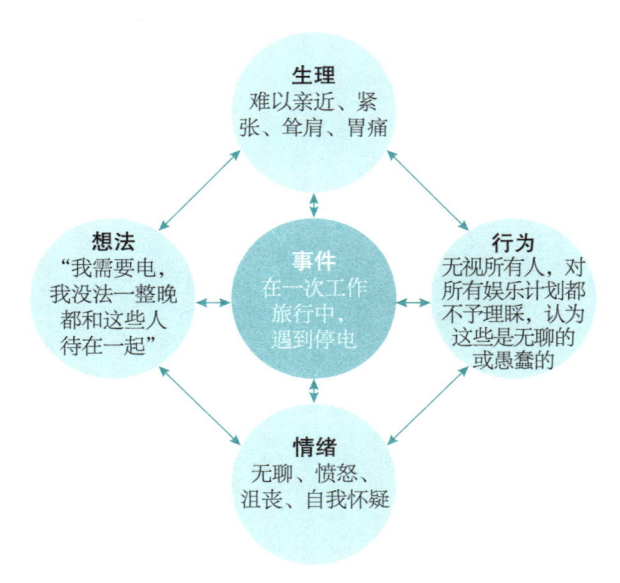

生理
难以亲近、紧张、耸肩、胃痛

想法
"我需要电，我没法一整晚都和这些人待在一起"

事件
在一次工作旅行中，遇到停电

行为
无视所有人，对所有娱乐计划都不予理睬，认为这些是无聊的或愚蠢的

情绪
无聊、愤怒、沮丧、自我怀疑

图 2.3 "停电事件"的认知地图

初评价和再次评价指出，思维过程是最重要的因素，它决定了你如何评估压力水平，但这也不是绝对的。比如，有些人在得知坏消息的当下会捶墙壁（行为），因此他们的手会受伤，心跳会加速（生理反应），这

导致了消极的想法("现在我毁了自己的手和这面墙,还不得不处理最开始的那个问题"),这时他们就不只是感到压力了,同时还可能感到愤怒和沮丧(图2.4)。

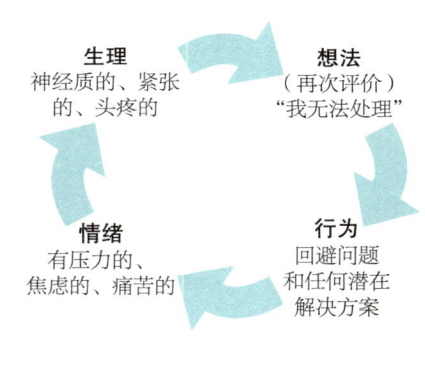

生理
神经质的、紧张的、头疼的

想法
(再次评价)
"我无法处理"

情绪
有压力的、焦虑的、痛苦的

行为
回避问题和任何潜在解决方案

图 2.4 恶性循环

无论你的第一反应是什么,认知行为疗法可以改变你本能反应的初评价和再次评价,因此,你就可以自己试着寻找问题的解决方案,而不是沉湎于消极情绪中。

想法、生理和行为都可以充当干预点。此时,你对这些反应的默认设定是消极的。但是,只要你将其中一个变得稍微积极一点，就会产生多米诺骨牌效应，它们可以反过来影响你的心情。

认知行为疗法的作用原理和带来的帮助

认知行为疗法旨在帮助你：

- 识别压力源；
- 改变你对事件的初评价和再次评价；
- 看看你做的哪些事对问题解决是有帮助的；
- 学习一些策略和技术来帮你管理和减少压力；
- 再次评价不利于解决问题的想法和解释；
- 检测其他的解释；
- 重建优先顺序。

认知行为疗法是一种积极的问题解决方式。虽然仅仅阅读有关认知行为疗法的内容就已经有所帮助了，但如果你想要达到永久性改变，你就必须尝试下面这些练习。

⑤ 你自己的认知地图

我们希望你可以填写认知地图。因为对特定事件的深入思考有助于分解问题，你也能因此了解到压力是如何影响你的。或许你认为"为什么这些事情总是发生在我身上"这一对问题的思考是即兴且完全合理的想法，这对事情的发展没有意义。如果这样你就错了。这样的想法能改变你的行为，影响你的身体健康，导致你情绪低落。

为了填写你的认知地图，你要确定近期发生的一个事件，它使你产生压力，而你对此记忆犹新。写下这件事。试图回想你生理上的感受——是否出现胃难受或心跳加速？回想一下你的心里在担心什么，这些担心会使你做些什么或想要做些什么（行为），你在情绪上又是如何感受的。如果需要，可以翻回到上一章来帮助你回忆，那里列出了压力症状下表现出的一般情绪。

为了帮助你开始，我们在接下来填写了一幅认知地图的示例（图 2.5）。

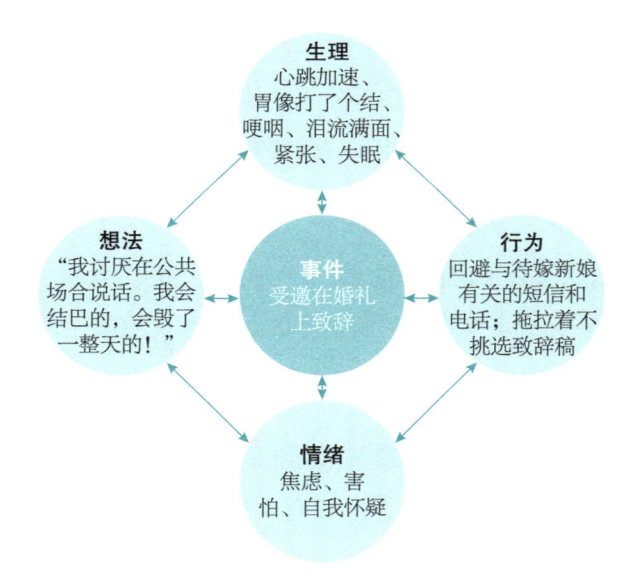

生理
心跳加速、胃像打了个结、哽咽、泪流满面、紧张、失眠

想法
"我讨厌在公共场合说话。我会结巴的,会毁了一整天的!"

事件
受邀在婚礼上致辞

行为
回避与待嫁新娘有关的短信和电话;拖拉着不挑选致辞稿

情绪
焦虑、害怕、自我怀疑

图 2.5 认知地图示例

完成一幅认知地图可以让你深刻地了解自己是如何处理压力的。在你填写地图时,可以从自己觉得最容易的地方开始。例如,你可能会感受到非常强烈的生理反应,那么就可以从那个部分开始,也就是说,你记得自己忽然紧张起来了,胃部的感觉就像正在坐过山车。这时你想起来,这些症状是由某个想法引起的,如"我会毁了这个婚礼"等等。无论你最先想起来的是什么，就把它设为你的起点，你可以从这儿开始填写空白部分了。越是擅长辨别地图的四个不同部分，越能在后面要做改变和恢复平静的时候为自己提供更多的建议。

很快，你就能向自己的想法、生理反应和行为宣战了，这些又会影响到你的心情。以上述例子为例，我们在下面提出了一些需要你思考的挑战。

想法：如果你在朗读时确实会口吃，那么是否这样就会真的毁了整个婚礼呢？没有人会比你自己更关注自己的表现。而且，每个人的心情都很好。即使你什么都不做就站在那打喷嚏，其他人的状态还是会很好。

生理反应：你的身体想要告诉你有个状况需要你处理。你可以通过学习放松技术来控制（对于这个内容，下一章会有更详细的讲解）。

行为：回避问题是不能解决问题的，或者只会让其更糟。你冒着伤害自己朋友的风险，还减少了自己用于准备和练习朗诵的时间。

对上述几点中的任何一点进行挑战都会产生多米诺效应,然后改变其他几点并最终让自己的心情好转,所以你的新认知地图看上去将会像下面所示的那样(图 2.6)。

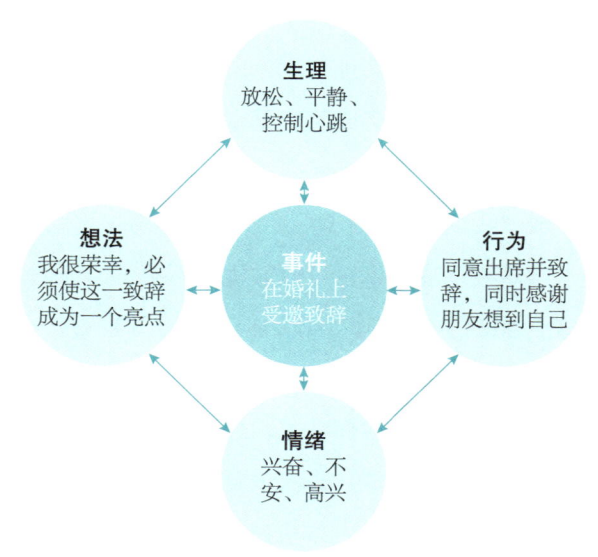

生理
放松、平静、控制心跳

想法
我很荣幸,必须使这一致辞成为一个亮点

事件
在婚礼上受邀致辞

行为
同意出席并致辞,同时感谢朋友想到自己

情绪
兴奋、不安、高兴

图 2.6 新的认知地图

⑤ 想法不等于事实

这是本书自始至终所要倡导的关键信息。当你出现"我做不到""他们都讨厌我""我还不够好"这样的想法时，你很容易就把这些想法当成事实，并深受困扰。但它们不过是想法，而不是事实。它们产生于你那个消极并带有偏见的大脑，代表的是在那个特殊的时刻你对自己的感受，却往往没有事实基础。

我们希望你能对此多加留意，所以每当你发现自己在自我贬低并把这当成某个基本事实时，你就可以对其发出挑战，并改变它。例如，"我做不到"应该变成"我认为我做不到"。尽管是很小的变化，却是非常重要的变化，它可以鼓励你不要不经证明就把这些想法当成事实。好了,你认为自己做不到……但事实是否如此呢？你有什么样的能力和技术可能可以让自己做到吗？你是否曾经设法做过类似的事情？努力寻找一个替代想法推翻旧想法，在你深思熟虑的时候请公正地对待自己。面对这些想法，可以让你知道自己经常被各种各样的结论式观点打倒，然后改为用"好吧，或许我能做到这个或那个"这样的想法来激励自己，使自己感觉更平静，更有控制感。

下一步……

试图用各种不同的情节和脚本来填写你的压力认知地图,只要那些事情曾对你造成过影响。你越是能够识别自己的不同反应,在你想要改变它们的时候就会感到越容易。当你开始真正地思考自己是如何处理压力时,你就已经在质疑自己默认的消极设定了,这将让你感到更为平静。

温馨提示

√ CBT 将改变你对压力的本能反应,让你觉得更有控制感。

√ 你的思考、行为以及心理和身体上的感受都是相互联系的,如果你改善了其中一个,剩下的也会跟着改善。

√ 你感受到多少压力完全取决于你对事件的解释。对自己的初评价进行质疑和改变将使你变得更为平静。

03 深呼吸

压力带来的生理效应通常最引人注意，也是最折磨人的。我们将要解释为什么压力会以这种方式产生影响，以及你可以做些什么来让自己的身体平静下来。

将你的压力外露出来

当你说"感到有压力"时,很可能是在生理和心理上都感受到了压力。你的大脑嗡嗡作响,身体也被激怒了。想法越是消极恐慌,身体反应就越明显。而这是相当折磨人的。你不仅要担心最初的问题,还必须关心自己身体上出现的不舒服,并担心别人是不是会注意到。

人类之间的互动是通过身体来表现情绪和想法的(也叫做非言语线索)。比如,你感到愉悦时就会面带微笑,感到生气时就会愁容满面,感到害怕时会颤颤发抖。当然,你所传递的信息有许多细微差别,但是你的外表,你的生理反应,却是人们获知你的想法和感受的首要信号,也是最真实的信号。

人们之所以能了解生理反应所表达的含义，是因为绝大多数生理反应是相当明显的，包括对压力的反应。你很难掩盖视力模糊、呼吸急促、颤抖、胃痉挛和头晕，而且这些都不是什么愉悦的体验。或许你看上去会有些迷茫、困惑或心事重重。你的背缩成了一团，你烦躁不安，还可能会发抖和明显地冒汗。这些生理症状吞噬着你，并严重影响到你的生活。

或战或逃反应

无论你拥有多少富有科技含量的小玩意儿，也无论你的衣着多么时尚，在本质上，你都脱离不开人是动物这个事实。我们同我们的祖先一样，依然保留着根深蒂固的生存本能，这些本能是那些穴居人曾经高度依赖过的。我们不再需要为了生存而举起棍棒敲打牙齿锋利的老虎，但这并不意味着这些原始的本能已经绝迹。

对于压力和焦虑，我们有一个与生俱来的自动反应机制，叫做"或战或逃"，它是由对威胁或危险的感知所激起的。想象一下，你正在做一些园艺活儿，忽然有一只巨大的老虎从灌木丛中窜到你面前，它用爪子刨着地面，大牙闪闪发亮。这时你有两个选择，或者与老虎搏斗，或者往相反方向快速逃跑。两种选择都需要大量的生理能量，为了方便，交感神经系统让你的身体充满肾上腺素和肾上腺皮质醇。你的心脏开始加速跳动，将血液从不太需要它的器官组织转移到需要额外能量的肌肉和四肢上来。这些肌肉为即将的行动紧张起来。呼吸速度会加快，促使更多的氧气进入血液循环，并增强你的感官能力。血液也会从你的表皮、手指和脚趾向肌肉和四肢转移，因此会导致苍白、刺痛和"脚冷"。这样，即使老虎抓住你并给你猛烈一击，你也不太会因为失血而致死（虽然恶心，却很聪明）。同时为了避免身体过热，你开始流汗。

你进入了"攻击状态"，生理上和心理上都为或战或逃做好了准备。你的理性思维退到了后方，在老虎面前，你可没有时间思考"天杀的，为什么我的花园会有一只老虎？"，它就在那儿，你只能处理它。你的身体知道，思考只会让你的速度慢下来，所以它们根本没机会出现在你的脑海里。当你开始这样感觉时，所有东西都变成了潜在的威胁。即使最微小的应激源也会引起你的过度反应，你正在经历生死劫难般的恐惧。

然后，你甩开了老虎，把自己锁在屋子里，并给当地的动物园打了电话，这时你的副交感神经就开始工作了，你的神经释放去甲肾上腺素，这将有助于逆转已经发生的变化，使你渐渐地恢复平静，然后让所有的东西都回到常态。

难道这整个过程不酷吗？好吧，有那么点。

或战或逃曾对人类的生存非常重要。但问题是，几百万年以后，这个程序设定一点儿没变。我们的或战或逃系统和以往任何时期一样灵敏，只要我们感到害怕、焦虑或者压力，它就能被启动。今天，我们已经不需要在尖牙老虎面前跌跌撞撞了，而这作为日常的基本感受，是非常不方便的。在金钱问题、人际烦扰、健康状况和可怕的老板面前，或战或逃可不是最佳处理方式（或者老板除外）。可是，你的身体并不知道这些，它为你做的准备还是一样的。肾上腺素和肾上腺皮质醇瞬间产生，所有的理性思维都被抛之脑后。去甲肾上腺素缓缓地使你冷静下来，这意味着，你要想再次感受平静需要很长时间。

这还不是全部。或战或逃并不只是对实实在在的问题起作用（也就是老虎、金钱问题或失业），还能对想象中的问题起作用，例如害怕自己丢人或者害怕被批评。在这种高压力和高需求的文化里，身体的压力反应如此频繁地被激活，以至于它根本没有机会回到常态，也因此导致了持续的紧张状态。

当你饱受压力的痛苦时，你的身体和大脑也失去了处理日常事务的能力。你所遭遇的生理变化是灾难性的。血液从不太需要它的组织器官中转移出去，比如，消化道会停止工作，这一事实会导致恶心或便秘。腺体将停止分泌唾液，让你口干舌燥，而急促的呼吸会引起晕眩和潮热。所有这些因素都会使你更难入睡，引发疲劳。毫无疑问，长期经历这些将最终榨干你生理和心理上的所有能量。

冷静身体

放松是一种消除紧张的简便方式。许多人认为他们知道怎么放松，但事实并非如此。躺在浴缸里，盯着天花板思考你应当做的各种事情可算不上放松。放松是有技巧的，也是需要练习的。如果你属于常常经历压力的那种人，那你极可能需要学习如何放松，并投入尽可能多的时间，就像你投入到那些让你感到焦虑的事情中一样。

从生理角度来讲，我们不可能在感到放松的同时又感到压力，就像不可能睁着眼睛打喷嚏，所以学习如何冷静对每个人来说都是一门必修课。

然后放松……

你先要决定什么时候在哪里放松,这样就能提前订好计划了。从你的日常生活中预订出一段时间(如果你真的"预订了",那么你坚持下去的可能性也就更大了)。

有三种技术可供尝试:肌肉放松法、呼吸练习和想象技术。请至少将每种方法都尝试几遍,然后实实在在地掌握它们。显然,你会更青睐于其中的某种,但是很有必要将每种都尝试一下,你一定会很吃惊地发现某种方式对你有用或自己最擅长。一旦你找到了你觉得最舒服的一种技术,就将它安排进你的日程里。或者最好,无论何时何地,只要在你需要的时候,你都可以实践它。甚至在你工作的时候,你也应该能够找到一个安静的地方给自己 10 分钟时间放松。

然而,最重要的一点是,不要评判自己。即使你是世上最擅长讽刺的人,也请网开一面。如果开始几次效果并不好，请不要自责或者感到沮丧。试图放松下来总比完全不放松要好。一旦你开始精于此道，无论何时，当你觉察到自己的身体紧张起来时，你都能够叫停或战或逃反应，或者在其已经入侵的时候也能更快地平静下来。

⑤ 渐进式肌肉放松法

压力状态下，你的肌肉自然会处在紧张状态，但是由于你的大脑在想其他事情，所以有时候你可能会注意不到这点。先绷紧再放松全身不同的肌肉群，可以产生一种深度放松的状态，还能让你头脑清爽，因为你的注意力都集中在身体上，而不再是日常的烦恼中。下次当你再遇到身体紧张的情况，就能立刻认识到这个感觉，并知道要如何平静下来。如果担忧的想法再次侵袭你的大脑，就把它踢出去，然后重新专注于手头上的任务。

如果你绷住肌肉，几秒钟后再放松，它就能得到完全的放松，这要比你没有绷紧而直接放松好得多。

用谈话鼓励自己，使自己专心

在做这个练习的时候，我们会在某些特定的时间点要求你同自己说话，或者大声说出来，或者在心里默念。这是很重要的。这意味着你是在有意识地控制着练习，不是单纯地缩紧肌肉，而是主动选择来做这个练习。同时，你也把压力抛在了脑后。你没办法一边紧缩腿部肌肉，一边又继续思考是什么让你压力这么大。通过在练习中与自己对话，你会迫使自己的大脑将注意力放在身体上，使它有了更多的必要空间，从外界的烦扰中抽离。

准备开始

- 坐下，从头到脚尽可能放松；
- 肩膀往后，使肩胛骨微微平放；
- 转动双脚，伸展双腿；
- 轻柔地晃动你的手臂，让手背贴在地板或大腿上滚动；
- 轻柔地扭动你的头，从一侧看到另一侧，使自己可以看见膝盖。

腿

- 将一条腿向上抬起，离地面 10 到 25 厘米；
- 脚趾指向天花板。保持这个姿势绷紧 10 秒钟，或者直到你感到肌肉开始颤抖，然后告诉自己，"放开"。此时，脚趾不用再指向天花板，让两腿回落到地板上。再休息 10 秒钟，告知自己"我感到紧张从我的腿部飞了出去……我的腿感觉到温暖、沉重……和完全的放松"；
- 同一条腿重复练习一次，然后再开始另一条腿。

臀部和大腿

- 同时缩紧臀部和大腿肌肉。尽可能保持，直到你不得不松弛它们，对自己说"放开"。暂停 10 秒，集中注意力好好体会肌肉放松是多么舒服；
- 重复。

胃

- 腹部肌肉进行完全相同的练习；
- 重复。

背部和颈部

- 沿着脊椎，绷紧所有肌肉。弓起你的背，从尾椎骨开始拉伸，一直到颈部。保持拉紧状态，接着告诉自己"放开"，然后放松；
- 重复。

手臂和肩膀

- 想象一下，有一根棍子悬在你的头顶上，你想借助它把自己拉起来。尽可能用拳头将它握紧。缩紧手臂和肩膀的肌肉，紧耸肩膀，尽可能保持住，然后跟自己说"放开"。放松 10 秒钟,享受温暖、放松的感觉，让紧张感释放；
- 重复。

下巴

- 缩紧下巴肌肉，压紧你的后排牙齿，就像要把它们挤碎一样。保持尽可能长的时间，接着告诉自己"放开"，然后放松；
- 重复。

脸

- 将脸部肌肉挤成鬼脸状，就像在参加鬼脸大赛一样。至少保持 10 秒钟，直到整张脸都真的感觉到紧张。说"放开"后，放松；
- 重复。

眼睛

- 身体向后倾斜，眼睛盯着天花板的某一点看。不要挪动脑袋，慢慢地转动眼珠，先尽可能往右，然后是中间，接着是左边，然后又回到中间；
- 摩擦两掌直到你感到发热为止。闭上眼睛，将手掌盖在眼皮上。用手掌的温度温暖双眼。说"放开"后,移开双手,放松。

全身

- 绷紧脚踝,握紧拳头。将肩膀往上拉。缩紧下巴和脸部。现在,全身放松,尽力蜷缩你的后背,从脚后跟到你的后脑勺。尽可能保持直到你感觉到你的身体在颤抖。然后说"放开",接着完全放松,感受压力排尽。

最后

- 闭上眼睛。让你的注意力慢慢地从身体的一个部位向另一个部位游荡,从腿到脸。如果某个部位似乎还有紧张感,进一步绷紧这个部位。然后放松,并幻想紧张感从身体飞走的画面,就像液体从杯子里流出;
- 保持这个状态几分钟。继续思考你的身体,专注于你的肌肉,以及它们如何放松。如果你的思绪飘到压力事件上,不要责怪自己,只要温和地把思绪带回到你的身体上来就好。告诉自己"我现在放松了。我的腿感觉到放松。我的臀部、大腿和腹部感觉到放松。我的背、手臂、下巴、脸和眼睛都感到放松。我的紧张感已经消失了"。

🅢 深呼吸

当你处在压力中时，由于你的身体要为自己准备好或战或逃，所以通常你会加速呼吸，或者屏住呼吸。将注意力放在呼吸上可以迫使身体平静下来，这为你的大脑留出了更多可以喘息的机会。最棒的是，这不费时间，可以在任何地方进行。

- 将一只手放在胸上，另一只手放在小腹上；
- 缓慢地呼吸（最好合上嘴巴，用鼻子呼吸）；
- 吸气的时候，你的腹部会顶开你的手向外鼓，感受小腹膨胀和手上升的感觉；
- 维持 2 秒钟；
- 缓缓地用鼻子呼气，感受你的腹部扁塌和手下降的感觉；
- 呼气的时候面带微笑。（微笑确实可以让你更开心。) 幻想自己所爱的人，或者是能让你感觉更好的地方，或者任何会引起你微笑的东西。

❺ 逃离世事

现在我们要说一些有点遥远的事情，但请和我们一起忍耐一下。是这样的，在你的脑海里创造一个美丽轻松的地方，然后到那里真正地体验一下。每一种口味、气味、声音和景象都应该嵌入你的大脑。如果你真的相信自己身临其境，那个地方就可以成为你的世外桃源。你可以将其塑造成记忆，每当你感到有压力，就可以把自己送过去，无论发生什么你都可以这样给自己注入一剂正能量。

准备开始

- 去一个不受打扰、安静又平和的地方；
- 躺下，或者找个舒服的地方坐下；
- 做几个长而深的呼吸（使用深呼吸练习），想象压力随着每次呼吸被逐出体外；
- 通查全身，留意任何感到紧张的部位，消除这种紧张感（如果需要，可以使用以上所说的渐进式肌肉放松法）。

这不过是世外桃源的一个例子。你可以使用这个例子，也可以自己想一个地方，可以是任何能让你感到平静和没有压力的地方。把它想象成全彩外加立体声环绕的。你能看到、听到、触碰到、闻到甚至是尝到什么？如果你真的能让自己置身其中，画面栩栩如生，那么无论什么时候你感到有压力了，这都将是让自己平静下来的绝妙方法。只需要让自己全神贯注，把自己带回这个地方。你尝试的次数越多，你就可以越快地进入你的世外桃源，也能更快地唤起平静感。

世外桃源

幻想自己漫步在宽阔的原野上。天气很温暖，阳光灿烂，天空也蓝得出奇。你悠闲地穿过这片原野，看见一条河流。你径直朝它走去。它躲在树荫下，那些美丽的树木在这片风景里投下了斑驳的光影。你走到河岸坐下，脱掉鞋子后，将脚趾伸进了清凉的水中。然后你躺下来，深深地吸了一口清澈、新鲜的空气。你张开自己的手指，划过身边那些光滑的鹅卵石。你可以听到水流经过你的声音，感觉到冰凉清爽的水波从你的脚边掠过。柔软洁白的云朵在你头顶的那片天空里形成各种形状。你可以闻到身下泥土的味道，青青的草儿还有那林地的气味。你感觉自己从来没有这么放松，这么平和过。

你深吸了一口气，接着缓慢地吐了出来。你可以休息尽可能长的时间。然后，当你准备好的时候，慢慢地将自己的注意力转回到房间里。

下一步……

生理上有一个可以瞬间降压的应急系统，其做法是，肩膀下沉，然后复位。我们通常注意不到自己的背驼了下来，直到我们感到肩膀酸痛。

可以考虑给自己找一个放松的触发器。比如在手机上设置一个每日一响的闹钟，专门用于提醒自己"可以放松啦"，不过要注意别把闹铃设置得太惊悚，或许可以考虑鸟叫声或者温和的口哨声。又或者，喷一点香水，那种能触动你的快乐回忆或者让你想起自己的世外桃源的味道。以及任何可以让你为放松而做点实质性努力的东西。

可以考虑练练瑜伽、普拉提、冥想或太极。这些都是极好的锻炼方式，还能让你更加留心自己的身体。它们对很多压力处境都有帮助，包括焦虑、头疼、高血压和哮喘。

温馨提示

- √ 或战或逃是面对压力时一种自动的原始反应。学会如何减少它的影响可以让你更平静。
- √ 将放松放在一个优先位置，这将永久地改变压力对身体造成的影响。
- √ 改变面对压力时的生理反应，将使你的想法、行为和情绪都得到平静。

04 | 向焦虑进攻

如果 放纵焦虑，你就会被它嚼烂、抛弃。这里我们要讲一讲焦虑到底是什么，它是如何影响你的，以及为什么会影响你。压力之下，想要学习如何处理它，要做的第一步就是先理解它。

对焦虑的焦虑

焦虑是压力下最常见的反应之一。借用我们之前提过的一个例子,假设你的朋友邀请你在她的婚礼上致辞。当众演说对每个人来说都是充满压力的,尤其是在这样一个情绪性事件中,被这么多期待包围着,你也不想因为自己绊倒在台上还压扁了牧师而让朋友失望。这些忧虑都是压力的产物。当你真的开始恐慌,也就是说,当你真的害怕如果自己忘词会引起世界大乱时,焦虑就产生了。

对压力和责任的反应转变成恐惧和脆弱时,焦虑就产生了。值得注意的是,本书所提的焦虑是对压力的一种反应,而不是对焦虑障碍(恐慌症、强迫症、健康焦虑症或广泛焦虑障碍)的反应。如果你在经历上述任何一种障碍，请向专业医生求助。

什么是焦虑

焦虑是对察觉到的生理或心理上的威胁或危险的反应，比如，当有人从树后跳出来尖叫一声的时候（生理上）或者当你失业的时候（心理上）。你感受到多少焦虑（和你是否能感受到焦虑）取决于很多因素，包括你的处境、你正在做的事情、你的生理感觉、你思考的内容和你的情绪感受。但是，最常见的情况是上述所有因素的结合决定了你的焦虑。

在你感到有压力的时候，会触发或战或逃反应，而在你焦虑的时候，也会激发同样的反应。它的主要目的是保护你，使你做好准备去战斗或者逃离威胁。当然，当街上某辆疯狂的自行车就要从你身上轧过时，这种反应是很机智的，但是当烧水壶坏了无法发出该死的警报声时，这种反应就没那么了不起了。

然而，就像压力一样，焦虑也不是都不好。焦虑是人类固有的反应，目的就是保护你。从一个非常基本的角度来说，它就是为了向你发出潜在危险警报，这样你才能想出办法救护自己。有研究显示，适当的焦虑事实上可以促进表现，因为你的身体和大脑转向了"威胁"，你将全部能量都集中在它上面，也就是说，你失业之后就立刻开始更新自己的简历，开始与新的招聘人员进行交涉。

焦虑是一种情绪，就像开心或伤心。同时，它也像开心和伤心一样会随着情境的变迁而淡却，而你的情绪则因此起起落落。你永远都不可能彻底摆脱焦虑，你不可能再也不感到焦虑，但是你可以改变管理它的方式，这样你就不会陷在里面无法自拔了。正如前述，焦虑也可以是积极的东西，但是你不应该一直处在焦虑中，或对一些不值得焦虑的事情（比如，电话响了，你紧张得接不了电话，却完全没有紧张的理由）产生焦虑反应。

焦虑可以对你的生活造成极大的影响，让你变得行为诡异、思想消极、身心俱疲。我们要在接下来的认知地图中阐述几种典型的焦虑反应（图 4.1）。

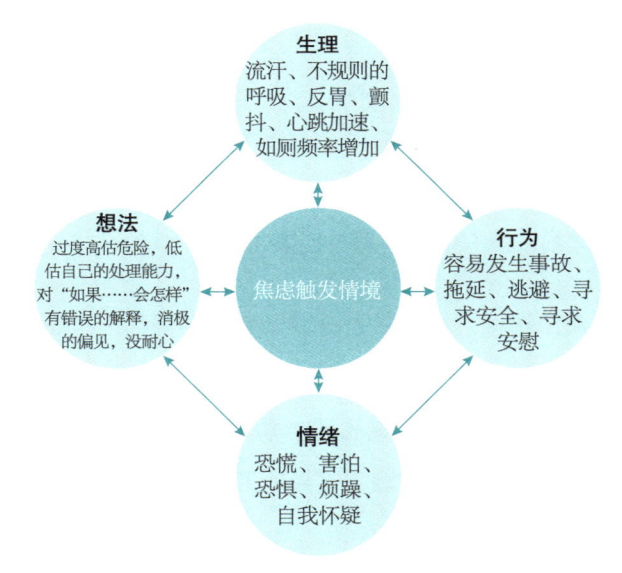

生理
流汗、不规则的呼吸、反胃、颤抖、心跳加速、如厕频率增加

想法
过度高估危险，低估自己的处理能力，对"如果……会怎样"有错误的解释，消极的偏见，没耐心

焦虑触发情境

行为
容易发生事故、拖延、逃避、寻求安全、寻求安慰

情绪
恐慌、害怕、恐惧、烦躁、自我怀疑

图 4.1 关于焦虑反应的认知地图

通过降低焦虑，你就能够降低压力水平。这些要求不再令人生畏，之前你可能会在一些事情上拖拖拉拉，直到最后上床捂着被子大睡，而现在，你能够处理各种各样的事情了。

当焦虑成为一个问题

焦虑就像一个烦人的提醒器,一个存于脑后的小小闹钟,向你警示着危险或压力:我的车门关了吗?卷发器关了吗?那笔账单及时还掉了吗?另外,它也不会放过未来的事件:我能得到另一个职位吗?周三之前我能有时间写那个提案吗?

如果你发现自己经常——每天或近乎每天——感到焦虑,那么这就成了一个问题了。它将开始干扰你生活中其他一些与最初压力源无关的方面。比如,萨拉知道她无法按时完成某项工作。每当她想起这件事,她就感到一阵恐慌,从而激起或战或逃反应。她的呼吸和心跳全速启动,唯一能做的事情就是高度关注着自己的恐慌,而无暇顾及其他。就如第3章描述的那样,理性思维已经被抛之脑后,那封写到一半的邮件,要么被她忘在一边,要么就草草写完,如果不是这样,她可能会花更多的时间去完成。因为她现在的表现与平常不同,所以也就有了别的东西可以担心。

在下述情况中，压力会成为问题，当：

- 情境中的"危险性"被过分夸大，与事实不符；
- 真正的危险根本不存在（不过是你想象的危险）；
- 过于频繁地体验压力（你过度地估计了危险）或者太紧张（你过度敏感）；
- 你开始关注它，意识到自己明显无力应对；
- 你开始对焦虑本身感到焦虑（你的生理反应成为你担心或害怕的东西）。

生理和精神上的过度反应

或许，你的压力反射已经变得极度敏感，它不是只在需要的时候才被激活，而是时刻处在激活状态，就像有故障的汽车报警器，不是只在有人试图闯入时才发出警报，而是每当有流浪猫经过都会发出警报。

某个研究指出，在特定情境中，患有焦虑障碍的人会系统性地对危险进行过度评估，这源于他们的生理感觉（也就是，心跳加速意味着心脏病，或者工作上的小失误意味着会被炒鱿鱼）和心理过程（"我应该这样处理，但是我做不到"或者"我永远不可能闯过这一关"）。

过度评估通常具有以下某种（或全部）形式：

1. 错误地估计发生坏事的可能性（"我绝对会被炒鱿鱼的"）；
2. 错误地估计事件的严重性（"如果我搞砸了我的致辞，我就会毁了整个婚礼"）；
3. 错误地估计了某个人的处理能力和缺乏有效支持（"这绝对超出我的能力所及了，而且没人能够帮我"）。

为什么焦虑不能自行消失

恼人的是，焦虑不是突然出现，掀起点波浪，然后就会自行消失。焦虑就像烧烤时出现的蜜蜂，一直在那徘徊。焦虑持续存在是因为受到以下因素影响：

- **逃避**：如果你逃避问题，你就无法真实地评估所发生的问题，也不能评估自己在多大程度上能够处理它。如果你一直不面对你的担心，那你就无法对抗你的恐惧。而且，即使发生的事情确实超出了你的处理能力，逃避仍然不会有所帮助。问题只会越积越大，就像一个巨大的阴影爬上了你的肩膀。通过面对问题，你就可以选择自己处理或寻求帮助。

S 不要逃避问题，永远都要面对问题（见第9章）。

- **你的行为举止如何**：焦虑会让你的行为完全偏离常规。你的大脑如此关注这个问题，所以你根本不可能再全心关注任何其他事情。你可能会感到焦躁不安、愤怒、沮丧或者心不在焉。糟糕的、不假思索的、草率的行为举止会制造更多的问题让你感到焦虑。（逃避也可以列在"行为举止"

下面，不过逃避是个大问题，应该单独列一条！）

- 🅢 三思而后行。你要意识到自己现在正处在高度紧张的状态下，当你有这种感受的时候，一定要考虑好之后再行动。

- **你对某个事件及其后果所持有的信念**：你持有的信念可能是扭曲的，并被恐惧所包围。假如你预期会有坏事情发生，并且你认为当它发生时自己无力解决，那么这只会让情况更糟糕，还会产生焦虑的恶性循环，引发连锁反应，这是对理性判断所发出的警告。

- 🅢 质疑你的想法并进行检验：比如问问自己，"如果我向老板申请项目延期，这是否会真的导致世界末日？"显然，她更希望项目能做好，哪怕时间稍晚一点，而不是准时完成却很垃圾。（见第 8 章）

- **思考你的生理症状**：经常关注自己的生理反应会让症状更糟糕，会激起更强的焦虑。比如说，你对下周的一场鉴定会感到焦虑。你感受到胃在有规律地痉挛，感到头疼。你开始担心它们是不是相当严重，所以开始吃药，但是这些症状并未好转。你对生理疼痛如此关注，以至于无法再专注于会议了，于是这就转变成了一个恶性循环（如图 4.2 所示）。

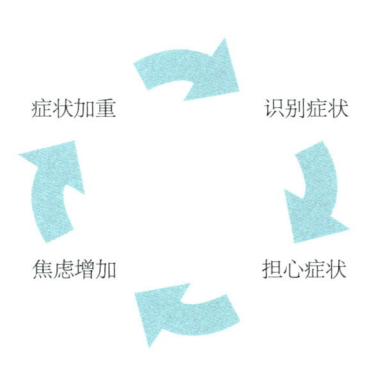

图 4.2　焦虑如何变成一个恶性循环

⑤ 停止监管你的症状。 如果你对焦虑产生了生理反应，那请提醒自己，身体上的这些表现是完全正常的，你的体验是自然而然的现象，一旦焦虑得到缓解，这些症状也会跟着得到缓解。即使你偶尔觉得不舒

服，也没什么好担心的。你可以使用第 6 章的技术来转移自己的注意力。

能够触发焦虑的情境和想法

以下是一些能够触发焦虑的常见情境或者思维方式。无论人们是否认为自己有焦虑的倾向，这些事情都会影响到每个人。它们对你造成的影响取决于你对自己的控制。

- 认为自己有太多事情要做，没有足够的时间来完成它；
- 认为自己天赋不够，即使有足够的时间，自己也做不到；
- 害怕在公共场合表现自己；
- 对健康状况的恐惧；
- 等候某个约会或面试；
- 预期会被评判、轻视、拒绝、羞辱、尴尬或被取缔；
- 感觉不安全和无法达标；

- 对金钱的忧虑；
- 对亲密感或承诺的恐惧；
- 对行为后果的担心，比如会让老板失望，会让朋友生气或者会让伙伴恼怒；
- 感觉你无法拒绝，被责任压倒了；
- 害怕让人们失望；
- 对未来的恐惧。

如何让焦虑的大脑和身体平静下来

由于焦虑是由压力引起的，也因为压力和焦虑是对事件非常个性化的反应，所以我们很有必要减少那些能诱发压力（继而感到焦虑）的真正原因。你可以花一些时间来辨别这些诱发物，以更好地对它进行反应。监控自己当天体验到的压力，以及引起压力的事件和人，这意味着你能处在一个更为有利的位置，总之，你可以选择把他们踢出你的生活（悲哀的是，这通常不太可能）或者学会如何更有效地处理。

ⓢ 压力日程表

不要担心,并不是要你把充满压力的活动安排到一周的日程里,只是每当这些压力事件发生时,你对此进行监控就好。

即使你遭遇到的是慢性(长期)压力,也依然很有必要记下自己对一些日常小事的反应,因为这些小事可能会加重压力感受,或者更进一步导致焦虑。消除或使这些事情的效应最小化,可以让你在处理长期压力时更有耐力。

使用下述问题作为提示,记录一周内激起你焦虑反应的任何事件:

- 发生了什么?
- 当时你正在做什么?
- 你和谁在一起?
- 你在哪里?
- 你那时感觉如何?
- 你的想法是什么?
- 你是怎么做的?
- 你感受到多少压力?

	周一	周二	周三
发生了什么？	老板让我同HR一起参加周三的会议	我收到了催缴电费的最后通牒，我必须要交电费了	妈妈让我帮她，和她一起去购物
当时我正在做什么？	正在做当前的一个项目，那个项目的进展不是很顺利	终于开始处理这些信件了，之前我一直在回避	简短的探望，一杯茶的工夫
我和谁在一起？	没有人和我一起，但是坐我旁边的同事听见了	一个人	我的爸爸妈妈
我在哪里？	在我的办公桌前	在家	在爸妈家
我那时感觉如何？	担心、焦虑、尴尬	焦虑、恐慌、担心	焦虑、内疚
我的想法是什么？	"一定发生了什么重大失误。我想知道坐我旁边的女孩是怎么想的？"	"我该怎么支付这些账单呢？如果他们切断电源怎么办？"	"我没有时间，但是我没办法拒绝"
我是怎么做的？	跑到厕所躲起来	将它放在一边，以后再处理	同意了爸妈的请求，取消了工作会议

续表

	周一	周二	周三
我的生理感觉如何？	震惊——脸通红、心悬了起来	感觉恶心、紧张、心跳加速	疲惫、紧张
压力等级（0~10，0表示没有压力，10表示压力负荷很大）	8	9	7

列出的这些事是大还是小都不重要，因为这周惹到你的可能是 50 个小压力源，也可能是一个超大的压力源，重要的是，要鉴别出这些事件发生的时间和地点，以及你在它发生时的感受和表现。另外，看到这些事情被写下来可以促使你客观地对待它们。你可能会写下"在我很忙的时候，我却不得不洗衣服"，而看到这儿，你可能自己也会笑起来，因为和列表上的其他事情比起来，这根本不算事。事实上，洗衣服还让你有了片刻的闲暇，可以不用盯着电脑屏幕。让人吃惊的是，我们如此频繁地把事情当成压力的始作俑者，而事实上，我们根本没有好好思

考它们到底是不是。如果你能认识到上述的任何一点，你就可以把它从列表上抓下来，这样你就少了一件可以担心的事情了！

一周结束的时候，你需要思考的问题：

- 通常让你感到压力或焦虑的是什么事情？是一件大事还是几个有相同起源的小事，还是互不相关的许多小事？压力属于生理上的不安还是心理上的不安，或者两者都有？
- 详细地列出所有的诱发物（即，在你记下来的 12 个压力源中，是否有 7 个都与柜台前的那个让人讨厌的女人有关？）
- 现在评估一下，是否存在一些你能够做的事情。你是否可以将自己与柜台上那个女人的接触限制到最少？你可否将相应工作委托给其他人？如果不能，你是否能够和她会面，探讨一下以后最好怎样工作？
- 你在开始时体验到的压力是怎样的？（你是否

认为"我做不到",或者你是否感受到了胃在翻腾?)找出你对压力的瞬时反应有助于你在未来辨别出它,这样下次当你的脑子再嗖嗖闪过消极的想法时,你就知道自己能够向它宣战;或者下次当你的胃开始翻腾时,你就能意识到这是由消极想法或行为产生的后果。

你在压力日程表中记录下来的任何问题都可以使用本书中提到的策略进行调节。

温馨提示

√ 总之你无法阻止焦虑,但是你可以改变处理它的方式。

√ 焦虑是对压力的正常反应,所以学会应对焦虑或压力,便可减少它们所带来的消极效应。

√ 压力日程表能迫使你直面压力和焦虑,而不是被动地接受它们,把它们视为日常生活所应有的一个自然属性。

05 压力控制

根据你对情境的掌握程度、还有他人或你自己对自己设下的要求的高低，压力和焦虑会得以变化和改善。这里，我们要看看你将如何找回自己情绪落落的控制。

压力：供与求

控制，或者缺少控制，是压力不可或缺的一部分。当压力事件发生时，你会本能地根据初评价和再次评价对该事件做出评估，而你所感觉到的自己对情境的控制程度又会影响到这个过程。

初评价： 是否存在问题？对我会有什么样的要求呢？
再次评价： 我是否能够处理这件事呢？

你所面临的要求有两个层面：外在的（对你的实际要求）和内在的（是你对自己的要求，也是你所认为的别人对你的期许）。

你如何评价自己有没有能力来满足这些要求受到以下因素的影响，你的能力同时也是以这些因素为依据的：

- 你感觉到自己对情境的控制程度；
- 你能利用的技能和工具；
- 你在过去对相似情境的经验（类似情形下你是否成功）；
- 你对压力、焦虑和担心的态度和信念，比如：你觉得它们是可怕的或者你认为它们是可以处理的；
- 你获得的社会支持（朋友、亲戚或者伙伴）；
- 你身体的健康状况；
- 你的性格；
- 你在压力管理策略方面的知识储备，以及你想使用这些策略的意愿。

图 5.1　压力天平平衡或不平衡

当日常问题在你的处理能力范围内时（当天平平衡时），你觉得情况是受控制的。然而，当你面临的要求越来越多，或者当某个巨大压力无处不在并猛烈向你袭来时，你会感觉自己已经倾尽全力并已到达了自己能力的极限，这会让你更有压力，也会使你感到更焦虑。你的效率会因此更低，你可能还会开始拖延并开始浪费时间，或者也可能会在不同任务间切换，结果就是，每项任务都不能满意地完成。你所面临的压力将让你无法喘息，很快你就会发现自己陷入了恐慌。如果这时再发生一件事情（哪怕是很小的事）也会把你推向崩溃的边缘。这将是灾难性的，因为你会开始质疑自己处理所有事情的能力，所以，当下一件压力事件发生时，你在一开始就会低估自己的处理能力。

ⓢ 减少你当下面临的要求

实际上，某些压力源是不可能消除的，比如，你无法变魔术般地取消十几岁的儿子所在学校的考试

（不管怎样，你无法用任何合法手段做到）。但是我们愿意打赌，至少我们可以放弃一些。只不过是择优选择，并采取积极肯定的措施：请思考一下"我是否真的必须做那个？"

大部分能够被抛弃的要求都可以归于内在要求这个类别，这些都是你对自己的期望，或者是，你认为其他人会据此对你进行评价。通常这是无稽之谈，实际上，这些要求根本不存在，或者根本不应该像它们被感受到的那样成为压力的诱因。

你必须无情地对你面临的内在任务要求进行重新评估，确定哪些是真正重要的，哪些是无关紧要的。如果你平时是一个会常常熨枕套的人，而最近你却要每天工作 14 小时，以至于你不得不停止熨枕套。如果你通常会以信件的方式来答谢他人的礼物，但此时你因为太忙了，所以只能用邮件来代替。根据你的标准，沿着这个思路下去，所有事情都被冠以"至关重要"的名目，但实际上它们并非如此。为了自己的内心平和，就只能把那些不做也不会影响到你日常生活的事情归类为不那么重要这一栏。此时此刻，你必须现实，必须忽略脑海里那些声音，那些不停告诫你自己如果放弃了一些事就会让自己失望的声音，因为事实上你绝对不会让自己失望。

仔细核对自己的压力日程表，挑出那些实际上你并不需要做的事情，并将它们从你的生活中踢出去。同时，在压力日程表中加上你一开始并没有写上去的压力事件，因为此时你可能觉得它们是至关重要的。比如，熨枕套这样的事情，你认为它是你正常生活中不可或缺的一部分，因此你甚至没有意识到它们也可能成为压力源或者将浪费大量时间。把它们写进列表里，这样就等于承认了它们确实会引起你的压力，然后将它们从你的日常生活中抹去。

⑤ 提升你的处理能力

对于你无法踢除的事情，有效地管理将使你感到更为平静和更有控制力。

1. 变得有条理

整理生活同时就是在整理自己的心灵。无论你自以为自己是多么不受混乱干扰的人,混乱都会影响到你,并使你的压力水平升高。如果你也认为自己可以在一堆杂物之间出色工作,那么恭喜你。但是总会有那么一个时候,比如,当你需要一个文件却找不到的时候,尽管上次见到它时它还在沙发下面,这时压力、焦虑和担心就会探出它丑陋的脑袋。可是,只要花一点点的时间收拾一下,就会让你的心情得到无以言表的平复。将需要归档的文件归档,打开邮件(别只是无视它们),然后检查下银行的报告。还可以为一些东西制造一些特别空间,比如,购买一个钥匙挂架,这样你就不用每天早晨都花20分钟到处搜寻它们的下落了,或者为自己弄个文件夹用于收纳所有的收据,或者将所有的演出门票都放在一个抽屉里。这些简单的事情就可以为你节约时间、金钱和精力。

2. 制作列表

你无法击败一张好列表。将事情写下来，这么做可以让事情显得更"官方"，也会使你的记忆为之一振。同时，从任务列表上把某些事情划掉，可以让你保持某种好势头，并给予你鼓励。

- 找一个地方来做列表，可以是笔记本，也可以是手机。没有什么事会比制作好了列表又弄丢它使人更烦或更有压力了。

- 为了让列表看起来不会太有压迫感，将其分为若干部分："今天"、"明天"、"下周"等。然后强迫自己只专注于"今天"的部分。

- 将大份工作分割成许多小份工作。例如，假设你不得不写一篇关于全球经济危机的长达10章的论文，但你还没开始动手写。这时不要将"写论文"放进列表里，因为这非常可怕，也非常不利于你产出的行为。相反，应该将其分为几个部分，如"导论写作"、"第一章写作"等。这个列表会变得长一些，但是却会好处理得多，而且，在你检查这张列表时会有满足感。

- 不要逃避可怕的事情。不要将"为首席执行官写报告"放在"写博客"和"包装礼物"之后，那样做只是在给自己制造拖延的机会。按重要程度制作列表，将列表分成小单元，从最吓人的事情开始做起。这样一来，当轮到"写博客"时，就会觉得像是得到了一份奖励。
- 每天晚上，在你上床睡觉之前都更新一遍你的列表，这会让你得到内心的宁静，因为你没有遗漏任何事情。
- 如果你确实有太多事情要做，可以在列表中写下"求助"二字，然后照做。通常，我们不到最后关头是不会向他人求助的，但从长期来看，这往往会给自己造成更大的压力。

3. 不要承担太多

人是社会性生物，我们普遍希望别人会喜欢自己。我们尝试着避免冲突，同时也不喜欢让他人失望。与不在乎别人想法的人相比，那些患得患失的人更容易感受到压力。然而，漠不关心最终会导致孤立感。但是，我们往往太在乎别人。要学会判断自己能做什么和不能做什么，这可以帮你省去大量的麻烦。你可以在不冒犯他人的情况下拒绝他人。

- **更加实事求是地对待自己的时间**：拒绝你自己无法胜任的事情，并诚实看待其中的缘由。大多数人宁可希望你拒绝，也不希望你答应自己做不到的事情。
- **授权和委托他人**：我们都知道，有时候每件事都亲力亲为会更容易，但是你也应该相信，他人能够按照你的指示办事。从长期来看，这完全是值得的，他们得到了学习的机会，最终你也不用再紧紧地盯着他们做每件事情了。
- **质疑你为什么要做某些事情**："我对猫过敏，但我为什么要答应朋友帮他照顾猫呢？"如果你能够适当地做好你所答应的事情，那很好。但是如果你不能，你很可能将无法实现自己的目标，或者，你试图完成的话可能会要了你半条命。如果你害怕让某人失望，那么就向对方解释你的处境，并想出折中的办法。

- **优先任务应该是你能够控制的**：我们知道压力会因为一些你认为无法控制的事情而加重，所以先做你能做的事情（也就是说，先在网上支付一笔账单，而不是先检查邮箱看你一直等待的重要回复是否已经收到）。当你成功地完成了另一件事情，并为此感到满意时，再去面对你无法控制的事情，你将更有能力去面对。

- **坦诚声明自己何时能够交付事情**：如果你知道自己不可能推掉某件事，那么你说"我周三之前完成不了"是没有意义的。你可以说"我最快只能在两周内给你答复"，这将为你省去很多麻烦和负疚感。

- **不要让自己有太多压力或者让自己有为别人的期望而活的感觉**：例如，如果你对某个派对没兴趣，那就不要因为你的朋友都去参加而强迫自己也参加。

- **找出对你最有用的或是你最感兴趣的，然后专注**

在那上面：如果你同时面临着几个项目，但是你只能挑其中一个，选你能学到最多的一个项目，这能推动你的事业发展，而且你也能够从中找到乐趣。

4. 安排一些有趣的事情

在你的日志中安排一些自己真正喜欢做的事情。我们常常被压力重重包围着，以至于忘记了生活应该是令人愉快的。我们将快乐托付给了"不重要"的事情，这很可怕。当你做自己爱做的事情时，你会感到平静和快乐。因为你得到了休息，所以当压力产生时，你就能更好地面对。

5. 不要拖延

拖延可以产生巨大的压力。拖延只会让你在自己面对问题时变得不自信，因而，你就更难开始处理问题了。问题变得越来越严重，而你拒绝处理问题的态度让自己感到负疚，从而导致压力进一步加重。这是一个复杂的问题，因此我们专门用整整一章（第

9章）来讲述它，但是请注意，只要你开始解决问题，无论怎样，都会降低你的压力水平。

如何大事化小

控制是一件有趣的事情。有些人认为他们身上发生的事情是受到了命运、上帝、幸运或境遇的指引，而另一些人则认为这是拜他们自己的决定所赐。无论拥有什么样的信仰系统，如果我们能知道发生了什么，并能预期将要发生什么，那么我们就能处理得更好。一旦你知道自己正在处理的是什么，你就会感到平静很多，即使情况很糟糕。例如，当你知道自己频繁的偏头痛是因为视力不好引起的，那或许你就会感到平静很多，而不是对自己为什么经常偏头痛感到不知所措。或者，当你被困在一只正在往大海漂去的救生筏上时，如果你知道自己的朋友已经向海岸警卫队报警，那么你也会感到平静很多。

当你面对着一些棘手且后果扑朔迷离的事情时，你感到的就不只是压力了，通常还会开始产生最坏的打算（"这永远不可能解决了"）。你正在小题大做，而这是你必须要戒除的习惯。

❺ 大事化小守则

让自己拥有更多控制感的基本方式是采取行动。与其担心，并将可能的结果反复想来想去，还不如做点有关的事情，着手解决。下述法则可以帮助你一步一步地解决问题（在每一步下面都有一个示例）。

1.明确你想要解决的特定问题，并清楚地写下来困扰你的是什么。

我妹妹明天要来拿回她的笔记本电脑……但是这台电脑已经被我弄坏了。

2.用5分钟时间进行头脑风暴，想出尽可能多的解决方案，写下你想到的任何东西，即使是荒谬的想法。思考一下如果你的朋友处在相同情境中，你会怎么给出建议,或者,你也可以向朋友寻求建议,他们可能会提供不同的视角。

a. 出门,并假装忘记她要过来。
b. 把笔记本电脑还回去,但不告诉她电脑已经坏了。
c. 承认自己把笔记本电脑弄坏,并接受不可避免的谴责。
d. 告诉她是其他人弄坏的,自己也刚知道。
e. 抱歉,并拿去修。

3. 看一遍你的列表,对每个方案的优缺点进行评估。不必关注各方案所具有的优缺点数目(例如,某个方案有 5 个优点和 4 个缺点),而要关注各点的现实性。做完这些以后,把重要的点用星号标出来,包括缺点和优点。(我们已经用 a 进行了示范,但是你需要对你的所有方案都做这样的处理。)

优点:我不用面对她;
　　　我有更多的时间来想解决方案。
缺点:她无法继续工作;

我的感觉会变得更糟；

我只是在拖延一件不可避免的事情；

她没有时间找一台代用电脑或者拿去修理。

4. 选择方案来解决你的最大顾虑。解决问题的方式通常不止一种，但是可以选择让你觉得最舒服的方式。不要担心如果这个方案无效会怎样，因为你还可以尝试其他方案，这里的重点在于，你要主动采取行动。

已经选择合并 c 和 e 方案。

5. 将解决方案切割成许多可以实现的小步骤。思考你需要做什么，你将要在什么时候做。同时，记下是否会牵扯到其他人。如果发现有一个观念是问题的根源，那么我们应该试图找到解决之道，即使这意味着你可能需要向朋友倾诉。（承认自己需要帮助是让人感到害怕的事情，但是神奇的是，之后你会感到好很多。）将事情分割成许多小步骤，很有希望为做出改变提供一些简单的方法。

邀请你的妹妹进来坐下。给她泡一杯茶。把笔记本电脑递给她。承认电脑已经坏了,告诉她事情发生的经过。表达歉意。做好接受批评和责怪的准备。提出愿意帮忙去修理电脑。

6. 开始。事实上,一旦你把计划中的第一步付诸实践,你就会感到有更大的积极性让后面的计划顺利完成。若措辞对你来说很重要,那么,有可能,你可以排练或演习你所选的方案,找一个朋友来假装你的妹妹,或者只需要将你要说出来的话大声练习一遍。

已经发短信告知你妹妹,让她晚上 6 点过来一趟。

7. 评估事情进行得怎样。如果搞砸了,则回到头脑风暴这一步,尝试一下其他方案或者重新使用这个程序,这次用上你现在所知道的信息作为起跳点(比如,现在的问题变成了你的妹妹大发雷霆,并且不再和你说话),但是评估一下为什么那个方案不能奏效,记住给自己一些可以试一试的信用额度。如果方案奏效了,则记得为自己庆祝。奖励自己可以让自己更有可能找到解决其他问题的方案。

她抓狂了,但是她接受了我提出的由我来修理电脑这个建议。她甚至说要与我均摊这笔费用,因为这本来就是台旧电脑。

仅仅通过阅读这些指导,你就已经采取了积极主动的行动来应对你的压力,你应该为自己感到自豪。面对问题是有难度的,然而找到问题的不同突破口却是非常可能的。即使你什么办法也想不出来,仅仅是想着要把事情解决掉就已经比逃避它或只是在那害怕更能让人感到平静。同时,如果你的办法不能解决问题,也不要沮丧,尝试常常是决定一项好计划的最佳方式。

❺ 稍后再恐慌

压力常常在它方便的时候不知从哪儿就跳出来并向你袭来。不仅在白天,它也常常在晚上冒出来:当你躺在床上盯着天花板时,你是很难让自己分心的。

这会导致失眠，而且，如果此时有一件事会让压力水平激增，那便是疲倦。

设定一个特定的时间，专门用于思考那些让你感到有压力的事情，这将在你试图工作的时候使你变得不再紧张抓狂。当你知道自己是在把这些想法往后推迟，而不是要完全禁止它们，你也就更容易摆脱它们了。推迟一件事总比试图完全不去想这件事情要有效果。如果我们说"在任何环境中，你都不敢不去幻想粉红色的大象"，那么基本上，你就不可能不去幻想某只粉红色的大象了。然而，如果你对自己说"我可以稍后再幻想粉红色的大象"，那么现在要摆脱这种想法的可能性就要大得多。当你发现自己一整天下来都觉得很焦虑时，只需要问问自己"我现在担心能有什么用呢"，然后将这个念头推到稍后再处理。如果你没有整天整夜都在担心某个问题，那么你就更有可能用一种积极主动的态度来思考这个问题。

你可以尝试一下这里的一些压力管理技术：

- 当你准备思考是什么事情让你感到有压力或焦虑时，你可以每天为此留出特定的时间。这么做可以缓减你的心理负担，因为你知道自己并不是要逃避思考，只是在等待预设的时间。要留出多少时间取决于你，也可以每天有所不同，但是最少要留出 15 分钟。
- 无论何时，当你发现自己正在担心，你都可以告诉自己，你没打算现在就思考这个问题。要严格地在给定时间思考那些诱发压力的事情，千万不要随意涉足它，一旦你受到了干扰，你就很难再全身而退了。有压力的想法就像是流沙，所以一旦你意识到你出现了这些念头就要停止，把这些想法推到以后再想，然后将你的注意力集中在当下，或者想点别的事情。
- 在预设的时间里，找个地方坐下来，写下所有让你感到有压力的事情。
- 写下可能的解决方案，可以是出现在你脑海里的任何东西。(如果你有时间,可以使用大事化小策略,如果你没时间,那么只需要记下一些想法。)
- 在这个专项时间接近尾声时停下来,然后写下任何你希望自己明天还能记住的东西。
- 当你在床上时,要提醒自己,计划正处在制订过程中,你可以明天在为此留出的时间里继续做这件事。
- 在床边放置一本笔记本,以防当你准备入睡时有任何新想法冒出来。把你的床看作是一个供人睡觉的地方,而不是一个让人担心的地方。你可以明天再来担心!

如果这些技术都不能对你直接起作用,也不要慌张,你可以继续这样做,并继续用大事化小策略来应对一些大的麻烦事。你练习得越多,那么当你感到有压力时,就能越快冒出"我可以一会儿再去想这件事"这样的想法。我希望,当用于恐慌的专项时间(15分钟)开始周而复始地执行时,你已经根本不再需要它们了,因为经常性地推迟思考一些小忧虑,就可以使这些小忧虑消失，无论你担心的是什么，等到你可以思考它们的时候，这些麻烦可能已经被解决掉了。比如，由于你已经收到了回复，所以"这封邮件是否会惹恼她"就变成了"当然，她不会被这封邮件惹恼的"。而且，你将更擅长识别和挑战那些常见的忧虑想法和主题，这是因为，你根本不允许它们悄无声息地闯进你的大脑并生根发芽。

有时候，你需要从一个问题中抽离出来，客观地看待它，看它如何荒谬。尽管有时候，有的问题本身确实是值得担忧的，将对它的思考推迟一些时间能给你留出一些必要的空间，使你在稍后以更冷静的心态去面对它。即使，你并没有直接对情境进行控制，你也可以控制自己应对情境的方式。意识到这点，并采取积极主动的态度，会使你所面对的任何问题都自然而然地变得不那么吓人，同时也能让你更加平静。

温馨提示

√ 消除不必要的要求,使你有更多的时间和精力去处理真正的问题。

√ 直面问题,并制订应对计划,会使你感到对情境更有控制感。

√ 规划出一个专项时间用于思考压力,这可以使你摆脱压力,从长远看来,这么做可以节省你很多时间。

06 假如你不再想"如果……怎么办?"

担心

压力和焦虑犹如无序又淘气的三胞胎，而担心是它们之中的头目。本章要阐述什么是担心，它试图以各种方式引起人们的注意，我们又该如何使自己从担心中走出来。

什么是担心

担心是躲在压力和焦虑背后的一个思维过程。具体而言,是在你为将来可能会发生某些事情感到紧张时,你所想的那些事情。(沉思指的是你细想过去发生的事情。)

就像压力和焦虑,担心也是自然发生的,每个人都会担心。而且与压力和焦虑一样,它也有积极的时候,比如,它能帮助你找出方法来摆脱困境。然而,当担心只是让你感觉更糟糕,而不是通过指引你想出各种解决方案来拯救你时,它就变成问题了。担心也能触发或战或逃反应,导致你产生各种生理、行为和情绪问题。

三种担心

如果……怎么办：你一直在想还没发生的问题。你幻想着最坏的情节，而这些最可能是你根本遇不到的，就像："如果我考试不及格怎么办？""如果我不能按时完成怎么办？""如果我们分手怎么办？"

你无法控制的担心：你担心的事情是你无法改变的，就像天气或年龄。不像"如果……怎么办"，这些问题是真实存在的，但是却是你无能为力的。

你能控制的担心：这个问题是你能够对其进行某些控制的。比如，假设你丢了一个U盘，里面存有你工作上的机密数据。对这类问题的担心可以驱使你变得积极主动：你可以回想U盘还在手里时你做的一些事情及其步骤，给不同的失物招领处打电话，或者找找是否有其他备份等。

能够触发这些消极想法的典型主题包括：健康（包括你自己的和他人的）、人际关系、工作、财务、家务和责任。不过，过度担心通常是和完美主义联系在一起的，有的人就是希望事情按照自己在脑海里制订好的计划进行，当他们感觉无法达到自己的特定标准时，就会感到担心。

内在的威胁探测器决定了你在某个情境中应该感受到多少焦虑，如果你天生是个忧虑者（其实很多人都是），那么你的内在威胁探测器可能会更为精准，而其他人的则会相对会松散一些。不过也不要担心（看看我们在那里做了些什么？），因此这样的担心也是一种习惯，而任何习惯都是可以打破的。

如果……怎么办

"如果……怎么办"是三种类型的担心中最为常见也是最具有破坏力的一种，这也是为什么本章会聚焦在这一问题上面。担心一些还没发生的事或者可能永远不会发生的事，这是最浪费时间的事情。而最糟糕的是，担心将来可能发生的事情却会实实在在地引起生理上的反应，就好像事情真的已经发生了一样。你忙于幻想最糟糕的情形,所以你也在亲身经历着这些情绪,比如考试挂科的恐慌、被甩时的惊骇和失业时的害怕。事实上,你在强迫自己去体验那些你所害怕的东西。

"如果……怎么办"像是吸尘器,不仅吸光了你的时间,也占据了你的大脑,而你本该用它来思考其他事物的。最后,你没法集中注意力在工作或者家庭上,而这又导致了更多的"如果……怎么办"。它会转变成一个恶性循环,整个循环如下图所示。

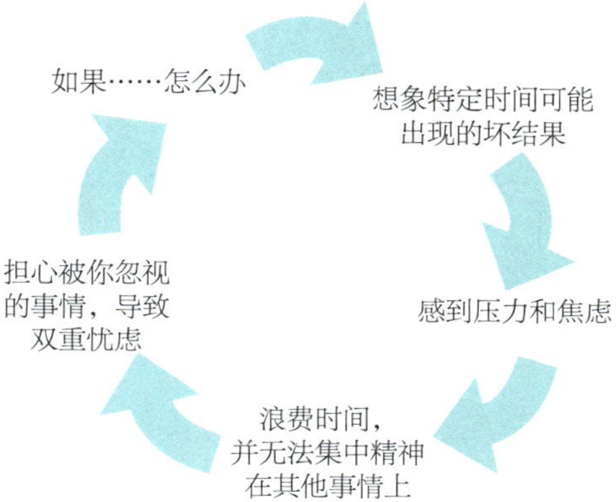

图 6.1 "如果……怎么办"的恶性循环

你迫使自己经历了两次（如果你担心的事情确实发生了）情绪折磨，或者你使自己去感受没必要感受的情绪（如果你担心的事情并没有发生）。假如，小酌几杯后，你向自己的约会对象发了一条充斥着负面情绪的短信。第二天，你觉得又羞愧又尴尬，因为你不想看到男朋友的回复内容，所以你就把手机关机了。一整天你都魂不守舍，因为你很担心他会回复什么。"如果他甩了我怎么办？""如果他嘲笑我怎么办？"你没办法集中注意力，你感到烦躁不安，胃好像拧在了一起。与此同时，你自己也觉得关机之后会带来很多不便，你可能会错过其他人的电话和短信。当你最终决定打开手机时，你发现他回了一条十分可爱的短信，他认为你完全有生气的权利，并再一次邀请你出去。你一整天都在为子虚乌有的事情担心。何况，即使他像你预期的那样回复了一些可怕的内容，你也不能花费一整天时间来想象可怕的事态，因为你无法从中获得什么。你依然会感到震惊和难过，就和你这一天所体验到的这些情绪是完全一样的。

下图是一个认知地图,描述了当你困在"如果……怎么办"中时会发生什么事情,以及这些事情如何影响你的情绪、行为和你的生理感受。(我们使用的正是上述这个例子。)

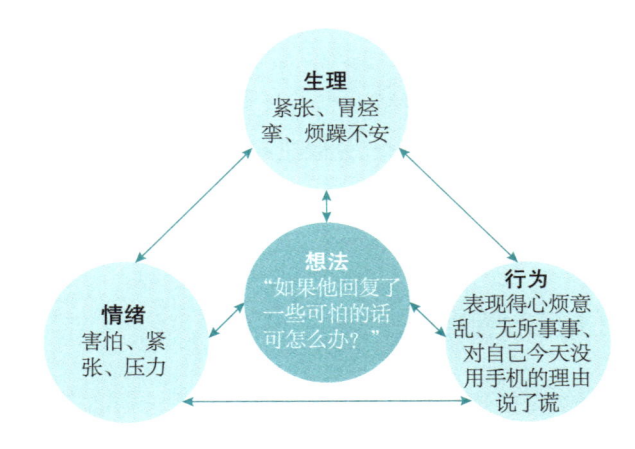

图 6.2 "如果……怎么办"困境的认知地图

处理你的"如果……怎么办"

我们希望你能以我们的例子为导向,填写自己的认知地图。你应努力想办法详细地填写,包括最困扰你的"如果……怎么办"的想法到底是什么,它是如何对你造成情绪上和生理上的影响的，它又驱使你做了些什么或者使你对自己的所作所为抱有何种想法。通过填写认知地图，你应该能意识到这些想法是多么具有破坏性，恶性循环的想法又有多么消极。你可以通过下面的办法来打破这个循环：

打断你的生理反应： 练习第 3 章中的放松练习。
打断你的想法： 让自己分散注意力。（继续阅读就能找到方法）

无法控制的担忧

这个类型的担心和"如果……怎么办"一样都是很浪费时间的，但是它们的破坏性没有后者大，因为这种类型的担心并不附带类似的负疚感。对天气或者对衰老的担心都是完全没有用的（你不可能靠许愿来阻止一场雨或使时间停下来），它们是不受你影响的，然而，我们通常将"如果……怎么办"视为自己所导致的或认为自己的行为是部分原因。

如果你正在被"简直无法相信,我已经大学毕业15年了"或者"今天要下雨,它毁了一切"这样的想法痛苦地折磨着,那么,停!你无法控制自然界,它的初衷也并非是为了迎合你。这些事情会影响每个人。再次,如果你被这类想法困扰着,那么你应该尝试着使自己的身体放松下来,并尝试使自己转移注意力。

你能够控制的担忧

在三种类型的担心中,我们惟一建议你可以花点时间思考这类担忧,因为你确实能为此做点什么。你确实有权对这些担忧做点什么,并产生某些影响,因为它们也是可以用问题解决策略进行处理的。例如,假设你即将参加一次考试,你想着"我还没有准备好,这样会挂科的",但之后,你可以进行复习。或者,假设你很害怕在某次家庭聚会中见到你的某个表亲,因为你们之前有过一次争吵,你便可以先打电话给他,向他求和。你可以采取积极主动的行动来解决某个问题或某些问题。

如果这些担心中有任何一个转变成"如果……怎么办"这一类型（比如，"如果我考试挂科怎么办？"或者"如果我的表亲冲我大喊怎么办？"），你可以对它们不予理会，因为这是不同类型的担心，这些担心根本还不存在，所以处理它们是没有意义的。你可以将注意力转回到确实存在的一些担心上，这些才是你能控制的（比如还没有做好考试前的准备，以及还没有准备好在派对上和那位表亲见面）。

❺ 不要担心，冷静

对付担心，最基本的方式就是忘掉它（如果它已经超出你的控制范围），或者是采取一些措施（如果它在你的可控范围内）。

下次当你再发现自己在担心某事的时候，可以问自己下述这些问题来确定你可以采取哪些做法：

1. 注意到担心（别让它像泡沫一样一直浮现在你的

眼前，面对它）。

2. 问问自己"我是否能为此做些什么？"

- **如果问题的答案是"是"**

a. 为自己制定一个行动计划：内容、时间，以及你将如何解决问题（你可以使用上一章讲到的大事化小策略）。

b. 日程规划。明确记下你决定什么时候开始做。仅仅决定"我以后会做"是没用的。

- **如果问题的答案是"否"**

a. 不要再担心了。有意识地让自己不再想这个问题。

b. 转移你的注意力。将你的想法从担心转移到别处。如果你觉得这很难，那么我们接下来要讲的分心策略应该会对此有所帮助。

❺ 大规模分心武器

在处理"如果……怎么办"和"无法控制的担忧"

这两类担心时，分心是一种很有效的策略。但是，在你能够解决担心时，我们绝对不建议你使用分心策略，这时你必须要采取行动。然而，对于那些你什么都做不了的事情，它们白白占据了你宝贵的脑容量，这时采取分心策略就是非常明智的。将你的注意力从消极思想以及生理上的压力感与焦虑感上转移走，分心策略就得以实现了。它之所以有效，是因为（任何曾被要求进行多项任务操作的人都知道），事实上你无法同时专注于两件事。专注于某件能让你平静的事情意味着你不能再专注于任何压力事件了（或者，至少你对压力事件的专注会少很多）。

下面是一些经过反复测试的自我分心法。有一些听起来很简单，但却非常有效。为了让你的大脑有足够的时间休息，每一种方法都应该至少持续3分钟。之后，担心就会减少。在你结束的时候，你可能又会想起担心的事情，但是给自己时间喘息会使你更平静，也可以让你远离某些令人烦恼的想法。

玩游戏： 无论你打算要做什么（因为你正在担心，所以你也没有真正在做事），都休息一下，来玩个游戏。打开网页，或在手机里下载一个 App，检查报纸上的谜题或者买一本谜题书（不必觉得尴尬，我们都有）。游戏需要你的注意力，但不会太费力或太有压力，如此让人不安的想法就不会闯进来了。

找一个属于你的贴身物品： 找一些可以让你回想起一段平静或快乐时光的东西，或者挑选你喜欢的新东西。一直把它带在身边。知道它一直在那儿就能让你觉得更安心，触摸它、看着它都可以减轻焦虑。

身体动一动： 做点事情，可以是任何事情。出去散步、跑步、开车、收拾、晾衣服、去商店逛逛等。运动有与生俱来的好处，即使只是挪动一下都意味着你必须留意周边的环境，这样，你的大脑就能暂时从你的想法中转移出去。景色的改变通常能够舒缓担忧（只要你不是在一条险恶的幽黑小巷中闲逛）。

听音乐：音乐是舒压神器，也能用来减少焦虑，平缓心率和降低血压。最爱的一首歌或者受启发的一张专辑都可以打开你的记忆，激活你的想象。

阅读：看什么书并不重要，阅读是逃离世事的一种极佳方式。无论你喜欢的是热血的惊悚故事，还是有关毛茸茸小猫的故事，如果你能完全沉浸在书本里，真实的世界就会悄然退去。但是要注意以下这种情况，当你忽然意识到自己已经看到第3章了，但是前两章讲了什么你却不记得了。当你的注意力还停留在别处的时候，很容易会进行速读。注意着点，并重新阅读。如果你无法转移注意力在书本上，那么也没有必要假装。

变得更加专注：专注指的是活在当下，聚焦于外在而非内在。你必须调整你的感官，陶醉于你所做的事情，沉浸在围绕着你的世界里，而不是困在自己的思想里。留意自己在哪里，在做什么，这是一种如此简单又能绕开烦心事的方式，而且还有效。

- 环顾四周的每一件事物，然后将注意力集中在某个细节上，比如某个女人的夹克衫质地，墙上涂鸦的颜色，你路过的商店在售卖的商品。然后再细想某个细节，猜一猜某个人是个什么样的人，或者这些涂鸦是谁画上去的，画的人又花了多长时间。
- 听。留意你听见的所有声音，试图找到这些声音的来源，以及分别是什么声音。或者可以听音乐，可以关注歌词内容，也可以试图识别不同的乐器、变化的速度等。下载一个你认为自己可能会感兴趣的播客。有很多方式可以让你不再听到自己的想法。
- 感觉。在你的兜里放一些有质感的东西，比如木块或石头。触摸这件物品，通过描述它的触感来说服自己，把这件物品当作促使你专注周边世界而不是自己的想法的提示物。如果你在这件物品上灌输了意义，那么它会触发你心里的某些东西。即，当你用你的手指轻触那片木块时，激活了你出于某个原因将它放在那的一段回忆,立刻就会使你平静很多。

给朋友发邮件: 只写你做过的积极的事情。这会让你感觉好很多,并促使你承认,的确有一些好的事情在发生,它们也值得引起你的注意。

给伙伴打电话: 和某人讲话可以立刻分散注意力,即使你强迫自己去专心听他们的谈话内容,并且不要等轮到自己的时候才开始说话或只顾着琢磨自己的问题。聊天可以提醒你,在你的大脑以外也有生活在继续着。听到一个友好的声音会让你感觉更好,而笑声已被证明是心情的助推器。你不可能一边哈哈大笑一边又被焦虑摧毁(除非你有歇斯底里症)。每一种担心几乎都有好笑的一面,对于埋藏最深最不合理的焦虑来说,最致命的毒药就是曝光它们,然后在这个过程中开怀大笑。另外,经常听到其他人也有问题会让你感觉自己的问题没那么糟糕。提醒自己你不是惟一一个在经历压力的人,这会让你的孤独感少很多。

拜访好友：通常，人们感到有压力的时候都会牺牲掉社交活动，感觉就像他们没有时间，或者他们无法成为好伙伴。胡扯。社会支持是人们感到平静不可或缺的一部分，而且人与人的真实接触（其对立面是短信、邮件或电话）是如此重要，它可以阻挡隔离感。同时，如果不想，你就可以不谈论你所担心的事情，只要和你喜欢的人待在一起就可以忘却这些烦恼。

上网：花点时间跟进你所感兴趣的博客，在脸书上找寻自己的旧友，或者搜索有关度假的信息。这些的确是一些不费脑子的事情。（说这些事情不费脑子是有原因的，因为你的大脑因此可以得到休息。）

学习新知识：当你试图消化新信息的时候，你的注意力会更加集中，所以你可以培养一个新爱好、学习一个新菜谱或者研究某些你感兴趣的东西。

读一些积极的语录：好吧，或许这看起来很低端，但是，如果你在自己容易看见的地方写下一些鼓舞人心的语录，那么当你感到有压力的时候，它们就可以帮助你恢复平静。不管它们是否幽默、深奥或发人深省，语录可以是一个人的魔咒，使你更加积极乐观。

即使你认为有些建议不是为你而提的，至少也把每条建议都实践一次吧，或许你会嘲笑"要专注"这个观点，但是也可能，你在后来会发现自己很擅长这个。或许你认为自己很讨厌纸牌游戏，但却发现自己有这方面的天赋。我们经常错过一些听起来太简单，或者与我们的习惯很不一样的东西。这本书的整个观点是改变你当下正在做的事情，因为对你来说，它们看起来并不是很有效。

同时，不要等到你真的感到压力大的时候才开始尝试这些建议，马上开始吧。等到你慌张的时候再集中注意力会难很多，所以如果你已经习惯打电话给朋友或者在吃茶点的时候玩游戏,那么当你真的需要分散注意力的时候,你就会知道应该怎么立刻开始,要转变你日常生活的轨迹也会更为自然。

温馨提示

√ 不要浪费时间去担心"如果……怎么办",也不必浪费时间担心你无法控制的一些事情。

√ 为你能控制的担心制订一个应对计划,然后采取行动。

√ 对于那些你无能为力的事,分散注意力,把它们的消极影响降到最低。

07 | 正确看待担心

我们讲述了人们在压力情况下对未来的几种恐惧方式,即讨论过人们是怎么担心的,现在该来看看我们为什么会担心了。若能识别出哪些因素促生了这些想法,你就能够提前阻止这些想法的产生。

我们为什么会担心

第 6 章证明了一点，纠结于"如果……怎么办"和那些我们无法影响到的事情是毫无意义的，所以，我们还有什么理由继续这样做呢？虽然分心技术很有一套，可以使你不再浪费时间忧虑，但要想得到长期改变，就很有必要来了解一下人们为什么会担心，这样一来，你就会自然而然地减少担心了。

一个人是否喜欢担心与他的气质和教养有关，这是一种习惯反应，它要么是你与生俱来的，要么是在你童年时期作为应对压力和焦虑的方式学习而来的。你担心的程度与担心的内容都完全取决你这个个体。一般而言，所有的忧虑者都认为，对一些想法进行深思在某种意义上是积极的行为。通过明确你担心的原因，通过质疑这些担心是否有实质性帮助，你可以决定自己是否还想要继续以这种方式进行思考，以及何时能够决定不再继续（我们相信在尝试过我们提供的策略后，你会想要改变的）。你能够把那些无意义的担心撕成碎片，让它从你生活中完全消失。

担心的三大辩护词

责任：你把担心视为一种积极的人格特质，因为你认为这样能表示你很在意。你还认为，对某事不表现出担心更可能引起消极后果。

控制：担心让你感觉自己对某个情境更有控制感，对将要做的选择和决策更有信心。通过反复思考，你能够做最坏的打算，但是你却放弃了将事情做对的最佳时机。

动机：你认为是担心激励你把事情完成的。

通过这些辩护，你认为担心是一个积极的事情，然而在 99% 的情况下，这都是不对的。剩下的 1% 包括这样一种情况，担心确实促使你解决了一个问题，但毫无疑问，即使你不担心问题也会得以解决。你必须挑战自己所持有的有关担心的信念，你要认识到担心很少会对你有所帮助，这样才能够创立一个真正积极的思维过程。

叫板"担心是某种'责任'"

1. "担心表示我在意"

认为担心表示我在意的观点是很普遍的，而且在一定程度上这也是对的。如果你对某件事毫不在意，那么你也就不会担心它了。然而，务必认识到，担心和在意是完全不同的两个东西，担心是消极的，而在意是积极的。它们不可互相替换，它们是不一样的。担心的症状（感觉到压力、焦虑和烦躁不安）与关心某事或某人（满足感、服务他人、生理上无异样感）并不相同。

⑤ 剖析信念

- 在你的笔记本上列出那些打着关心的名义实则为担心的事情。比如，"担心妈妈的手术"。在列出的每件事旁边写出可以采取的一个行动，以此向自己或者向你在乎的人证明你的关心，比如"给妈妈寄一张卡片，花时间探望妈妈，亲自和医生聊聊"。这有助于你向自己证明，你可以用其他更为积极和主动的方式表达关心。
- 想象你认识的某个很漫不经心的人。他们是否关心事情？他们当然关心，他们只是有不一样的表达方式。下次当你再次反应过度的时候，就可以这样问自己"如果是某某，他会怎么做？"
- 转换成积极的信念："好吧，我是在担心，这说明我在乎，那么现在我能做些什么呢？"承认自己在担心，然后停止担心，采取积极的行动向前看。

2. "担心可以阻止坏事情的发生"

有人认为担心可以阻挡一个坏结果，这是无稽之谈，这样的信念最可能是基于一次偶然事件得出的，或者是受完美主义或对失败的恐惧心理的驱使。如果你曾在自己担心的某次测验上得了A，而在另一次你完全不担心的考试上却令人吃惊地挂了红灯，然后不可避免地，你可能就会把担心归为决定性因素了。而至于你在第二次考试中没有充分复习或者只记住一些错误的东西（显然这才是你没及格的真实原因），你却忘记或忽略了，这只会增加"关心"因素的分量："我对这次考试关心不够，所以我活该不及格。"

⑤ 审视错误的想法

- 列一个表，写出最近还比较顺利的事情，比如，约会、求职面试、家庭聚会等。按真实情况用1~10分（1表示"完全不担心"，10表示"非常担心"）来给自己对这些事情的担心程度打分。我们可以打赌，这个列表中一定存在一些事情，即使你不担心它，它也依然会很顺利。

- 在你的笔记本上写一句话"想法没有魔法",下次当你发现自己在担心某件事的后果时,可以读一读这句话。你的想法既不可能对事件产生积极影响,也不可能对事件产生消极影响,你不能凭借想一想就得到晋升,反之也不能靠想一想就错过一次晋升。想象自己赢得彩票并不能增加你中头奖的概率,就像你想象把门关上并不能让门真的关上一样。你知道这些都是事实,那么为什么你还是确信,凭借对问题或麻烦的思索就能改变它们呢?它们不会改变的。只有行动才能改变结果。

叫板"担心是某种'控制'"

这个想法包含三个部分。

1. "担心让我觉得更有控制感"

如果你无法对某个情境进行控制,那么自然而然,你就会想要发挥一些影响力。但是,正如我们在上一章讨论过的那样,由于情境还不存在(可能永远不会存在),所以对于"如果……怎么办"你无能为力,而且你也无法对一些完全不受你摆布的事情产生影响力,比如年龄和天气。

ⓢ 这些想法

- 问问自己"我是否真的可以控制这个情境的结果?"如果答案是"否",那么就停止担心(使用第 6 章中的分心技术)。对于你不能影响的事情你只能接受。

如果问题的答案是"是",那么你就可以做一些什么事了(使用第 5 章的大事化小策略)。担心和采取行动可不是一回事。

- 写下你对这个情境最为担心的一点,然后对此进行评估,在这个担心如滚雪球般增长到现在这个大小之前,是否存在一个稍微小一点的初始担心。例如,"如果我和我男朋友分手怎么办?"可以很容易地回到曾经的表达方式，"如果我男朋友因为我让他尴尬而很生气怎么办？"你最担心的是和男朋友分手这件事，但是它是从单纯的害怕自己出丑升级而来的。意识到这一点你就应该明白，比起一开始，破坏性的想法是如何实实在在地减少你的控制感的。你必须向你的初始担心进行宣战，以修复第二个更大的担心。你为什么会让自己出丑？你的男朋友为什么会在乎？如果他在乎又能说明什么？

2. 担心是一种有效的问题解决策略，这让我对自己的选择更为确定

这也是大脑开始质疑直觉的时候。假如你参加《谁想要成为百万富翁》这个节目，你正在回答一个问题，这个问题的答案你是知道的，这个时候主持人问："你确定吗？"，忽然你就不确定了。你一直确信担心可以帮你变得更加肯定，并给予你更多的选择，而实际上，你不过是在破坏自己的决策能力而已。

❺ 勇敢地面对这些想法

- 在你的笔记本上写下"怀疑会滋生怀疑",无论何时,当你发现自己开始质疑自己的本能反应时都可以读一下这句话。冷静地评估你的选择不等于怀疑自己,以至于自己也不知道自己想要做什么了。不确定,它既不是积极的也不是消极的,因为你还不知道结果是什么。因为你无法预测未来,这并不意味着未来就一定是糟的,担心总是能让事情蒙上一层消极的味道。你破坏掉自己的决策技能,也同时导致焦虑和引起消极感受。要对自己有信心!
- 写下某个决策的所有优点和缺点,冷静理性地对所有优缺点进行评估,或者邀请朋友或家人和你一起分析这些选择。
- 如果你还未掌握一个明智决策的所有信息,那么等你有了这些信息后再做决定。担心不确定的事情是没用的。

3."担心会让我做好迎接坏结果的准备(或保护我免受坏结果的伤害)"

你认为担心会降低灾难突然降临的概率。这样的想法在上一章就应该被剔除了,担心一些还没有发生的事情是没有意义的,如果确实发生了最糟糕的事情,你也无非是使自己体验了两次这种可怕的情绪。

❂ 撕碎这些想法

- 将"如果我做最坏的打算,那我就永远不会失望"这样的想法从生活中摈除。如果糟糕的事情确实发生了,你无论是否预期它会发生,你都依然会觉得不开心。频繁的消极思维会使你的行为也变得消极,这可能会导致你对事件真的产生消极影响。这是自我实现的一个预言。用积极的结果来重写这个故事吧。你会感到更有希望,因为它会让你的行为也变得更为积极向上,使你处在更好的状态,从好的方面对事情造成影响。

- 问问自己,"如果确实发生了最糟糕的事情,那么一天后、一个月后或一年后它是否还重要?"我们相信99%的情况下答案是否定的,但是,还有1%的可能性是肯定答案,这个时候也没有必要郁闷,惟一能够将影响最小化的办法就是告诉自己,当事情真的发生时,你可以制订积极主动的计划。

叫板"担心是某种'动机'"

"担心驱使我把事情做完"

有人认为担心可以驱使我们成功,把我们推向我们所渴望的东西。这却是对担心最常见的误解之一。随着担心而来的一个基本问题是,担心常常会使我们放慢脚步,使我们质疑自己的决策(正如之前讨论过的)。如果没有担心在那边碍事,那么我们可以更好地"把事情做完"。

ⓢ 挑战这些想法

- 跟自己说一些打气的话,如果有用可以大声一点。

如果你的朋友希望你给他一些鼓励，你会把所有可能的灾难性结果都列举给他吗？你当然不会，但是你却这样对待你自己！

当你做得好的时候，或者当你做到某一程度时，给予自己适当的奖励。不仅仅是因为人类喜欢赞美，而是奖励可以充当一次真实的检查，看看你是否脱离了消极思维。接着，将下面的话记在某个你容易找到的地方，每当你感到消极低落时，从中找出与你的境况相似的句子，反复对自己说几遍：

- 这不是世界末日
- 这是他们的问题，不是我的
- 我处理得很好
- 谁知道，我可能真的非常享受呢
- 我可以处理的

- 我可以处理，我之前有过类似的经历
- 我正在越变越好
- 下次会更容易些
- 至少我学了点东西

在某一天，每当你逮到自己正在担心时，就记下你自己刚才担心了多久。在那天结束的时候，把你什么都没做的时间加起来。这样能够向你证明，担心是多么浪费时间的一件事，所以下次你再抓到自己在担心时，就可以停下来，立即开始做一些更积极的事情。当你真的开始一个项目时，你所做的所有这些充满焦虑的预测都会停止。

温馨提示

√ 不要把担心误认为是一种行动。

√ 想法不可能影响未来,但是采取行动却可以。

√ 如果没有担心在拖你后腿,你便可以受到鼓舞、拥有控制感和表示自己在意。

08 现实检查

你对事件的解读决定了你所感受到的压力。本章的着眼点在于，如何现实且冷静地思考诱发焦虑的情境。

消极自动思维（NATs）

与压力相关的消极思想有很多，担心只不过是其中的一种，虽然它是重要的，但却不是惟一。最终，你在某个事件中所感受到的压力大小取决于你对这个情境的解读，以及你的初评价与再次评价是否消极，而这些又都是由你的思维决定的。

思维快得夸张，就像电光火石般划过你的大脑。因为我们一直在思考，所以我们几乎不会注意到那些无聊乏味的想法，或者那些已经被我们视为事实的东西。这也是消极自动思维能够有机可乘的地方。消极自动思维是一种根深蒂固的思维，刚好游荡在意识水平以下。每当它们出现，你都毫无戒备地接纳它们或者根本没有意识到其存在。这些思维影响着你的观点、信念和你对自己的看法。在你感到紧张时，或战或逃系统会自动地在你的大脑中启动，然后将你的注意力转移到所谓的"威胁"上，这也就意味着，类似于"我无法处理"这样的消极自动思维就可以肆无忌惮地在你的大脑里乱窜了。

当你的大脑被消极自动思维包围时，特定的偏见也会出来捣乱，它们会扭曲或歪曲一些信息以适应你的恐惧，使你更有可能把几乎所有事情都解读成消极的，还把小事情闹得不可收拾。

为了有一丝机会管理自己的压力水平，你绝对有必要去质疑自己的消极自动思维，并承认这种思维中的大多数都是荒谬的。然后，你的大脑才能够形成其他可靠的选择（这些选择是你那个消极的大脑不太愿意接受的），这会让你更平静，更开心，更有控制力。

消极自动思维披着坚硬的外壳

消极自动思维类似一条"评价和解释"的溪流，淌过你的大脑。它们可以是意识和深思熟虑的产物，但更有可能是自动的，所以你甚至都觉察不到它们的存在，你把它们当作事实的陈述，接受它们，并将它们归档。比如，"我没有参加小伙伴的婚礼，我们的友谊因此错失了某个具有里程碑意义的时刻"。这些观点很容易被接受，因为它们通常看起来挺合理（你可能会错过某个有纪念意义的时光），但其实它们总是没道理的，也是不现实的（你们也曾互相错过某些关键时刻，但是这并没有影响你们的友谊啊）。

当你感到有压力，并变得很擅长在脑子里形成最坏的打算时，你根本没有质疑过消极自动思维，如果你质疑，那么你一定会意识到这些想法是经不起仔细推敲的。对于消极思维，你接受得越多，相信得越多，那么你的感觉就会越糟糕，一开始它们是有害的，进而变得可接受，直到变成理所当然。"我当然会漏掉重要的东西。等她回来，她一定会和她的其他朋友更亲近，我则会因为自己的缺席而被怨恨。"这些想法会让你生气、沮丧和难过。

❺ 友好的建议

下次，当你识别出一个消极自动思维，或者当你发现自己在费尽心思地找证据以支持某个消极观点时，你可以这样问自己："如果我的朋友正在经历这一切或者正在想一样的事情，我会给她什么建议？这些想法是否合理呢？能否从这里找出一些积极的东西？"你非常有可能在对待朋友上会比对待自己要公正得多，而寻找一个平衡的观点恰是对公正的一种诠释。

我们如何处理事情

早晨，当你的闹钟响起时，你不会把自己要做的每一件小事都给自己说一遍，如"我要把脚放在地板上了，我要把自己推起来，伸展一下，检查手机，走向盥洗室，等等"。而是起来就起来了，自然而然地做些平常都在做的事，你是在自动地做这些事情。这就是一个"处理过程"，也就是为什么我们能有效地管理大脑中的所有想法。我们的大脑会选择一些重要的事情来思考，对那些不重要的事情就不思考，它会把所有无关紧要的东西都转移走。这对我们能够正常行使各种功能是至关重要的，因为如果我们真的对自己做的每一件小事都进行思考，那我们的大脑肯定要跪地求饶了。

这个系统本来运行得很好，直到你的大脑转换成了自动消极模式，并选择只将注意力集中在不好的事情上，只筛选一些消极信息。这时候，其他一些有用和相关的真相都被遗漏或忽视了，这意味着你的焦虑会保持在一定水平或有所增加。此时记忆也充当着反派角色，它只从过去提取那些能够支撑消极观点的回忆。当你的身体进入或战或逃模式时，就会实实在在地发生上述变化，你的大脑已被训练得只会挑选那些可以构成威胁的事物，最后只会让你自己相信：

- 可怕的事情发生的可能性要比实际大；
- 事件的影响比它的实际影响要更糟；
- 你无法处理。

同时，你也可能把一件纯属中性的事件解读成消极的。你的身体认为它正在经历生死劫难，所以它希望你为各种可能的危险做好准备。

当你的大脑在经历这种类型的偏见时，实际上它是在试图帮助你，它试图挑出有关"威胁"的证据来支援你的消极观点（比如，西蒙曾经和其他朋友联系过，并在脸书上说了一些含义模糊的话），但是事实上这是最没有帮助的了。处在压力或焦虑中的人常常会直接得出最坏的结论，他们完全忽视了任何相反的证据。实际上，詹姆斯并没有确切证据能证明西蒙在生他的气，在他得出这个结论时，他忽视了一些事实，他并不知道西蒙对自己的邮件是怎么想的，也不知道西蒙准备怎么做。他只能等待西蒙的回复，或者采取积极主动的措施，主动给西蒙发信息或打电话询问对方的感受。担心或者纠结于此都是既没有意义又浪费时间的事儿，而且对自己还有伤害。

詹姆斯的判断

詹姆斯通过一系列的邮件向他的好朋友西蒙坦言道，他觉得西蒙的妹妹丽萨对西蒙不友好。丽萨会在公共场合贬低西蒙，还经常在他朋友面前捉弄他。西蒙没有回复他的电子邮件，詹姆斯对此感到焦虑。当又平静地过去一天后，詹姆斯确信自己已经越界了，西蒙肯定很生气。

詹姆斯给另外一些朋友发了邮件，他想知道他们是否有收到西蒙的信息，有人说收到过西蒙的信息，所以他显然是在线的，并且也一定收到了邮件。詹姆斯开始翻看脸书，他想知道西蒙是否有更新什么，结果他发现西蒙在一天前写道：家庭是复杂的。

至此，詹姆斯确信这就是西蒙要冷战的铁证。他总结道，西蒙对自己很生气。他完全忽略了一个事实，即还有一些朋友也没有收到西蒙的信息，同时他也没有注意到，西蒙在一周前就写过一些关于家庭的模糊话语，而那时詹姆斯还没发出邮件呢。

事实上，西蒙只是需要一些时间来思量该怎么回复。他对詹姆斯的关心表示很感激，同时他对丽萨的行为感到有些尴尬，并且还不知道该怎么应付。如果他知道詹姆斯会担心，他绝对会尽快回复的。

❺ 不要看，不要找

在接下来的三天，记下你从一些建筑物上看到的所有"甩卖"标志。不要刻意去找它们，如果你碰巧看到一处，就记在脑子里。然后在每天结束的时候，大概算一下你看到的总共有多少处。接着，在此后的三天里，积极地寻找这些标志。如果你看到一处，就用笔或其他东西记下来，这样就可以追踪它们。在每天结束的时候，把你见过的标志数加起来。

毫无疑问，你在后三天见到的标志数要比前三天见到的多得多。并不是说一夜之间增加了许多新标志，而是在后三天里你是主动地在搜索它们，就像你在感到有压力时，会主动搜索消极的"威胁"或"证据"。这并不意味着消极的事物要比积极的事物更有意义或更加真实，这只不过意味着你选择了将自己的注意力放在哪儿。如果你正要买一个新沙发，那么当你去别人家的时候，你会立刻注意到每个人家里的沙发。如果你要买新手机，那么你就会注意到所有人的手机。这些事情的重要性并没有增加，只是你在自己的大脑里把它们放在了优先的位置。

你选择关注什么取决于你的自然偏见。每个人对事物都有自己的小偏见。你是在特定的信仰中长大的，无论你想要变得多么客观，你的偏见都会悄悄潜入，为你的思想戴上一副有色的眼镜，就像你在支持某个足球队或某个政党时那样。不过，你的信仰是可以改变的，进而你的偏见也可以改变，这是好事，因为这个时候你的大脑正运行着太多的偏见，它们都需要改变。当你感到有压力，你会对之前漠不关心的东西抱有十分强烈的感觉。忽然之间，完全无关痛痒的事件和发现都变得和你有关了。办公室后边传来窃窃私语？这是因为你。健身房传出大笑声？这是因为你。你的朋友中一个人都没有回复你的群发邮件？这是因为你。这些偏见会建立并塑造你的消极自动思维。

不过好消息在于，一旦你有所长进，能注意到自己的偏见和消极自动思维，你就能够使自己和它们保持距离，并能向它们发起挑战。

消极自动思维的常见形式

1. 径直得出结论

当你从不充分的证据上得出结论时就是这种情况（就像詹姆斯那样）。同时，这样的想法会影响你对未来的看法，因为你突然就认为自己可以读懂他人的心思，所以你就开始预测其他人是怎么想怎么做的。

❺ 真相饼状图

步骤一：在纸张的中间画一个大圆圈。在它旁边写下某个事件的所有可能结果，将最可怕、最恐怖的结果放在最后。这里有一个例子：

事件：我错误地理解了某个新闻故事，还发了条推特对此进行了评论，但是仔细想想这真是非常愚蠢。我认识的一些人以及一些陌生人都对我进行了公开的纠正。

步骤二：制作一张饼状图，按照你认为的或者你朋友可能会认为的各种后果的发生率（问你的朋友，或者问你自己，如果他们来找你，你会怎么跟他们说），在圆圈上为每个结果划分一个区域（或百分比）。请诚实对待。毫无疑问，当你进行到 G 项的时候，如果还有任何东西剩下没列完，那么就在饼状图上留出一小块区域。这时你就会被迫承认，你在毫无依据或几乎没有依据的情况下径直得出了结论。

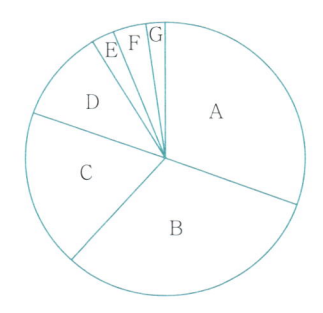

A. 一天以后，大家都会忘了这件事
B. 我的大多数朋友和同事都没有注意到这件事
C. 在这个网站上，我失去了一些粉丝
D. 在这个网站上我完全没有信誉了，所以人们都不再关注我了
E. 人们会一直记得这件事，还会不停地提起
F. 会有一些重要人物看到，他们因此就会认为我是傻瓜
G. 如果被未来的老板看到，他们就会认为我很蠢，这会危及我的谋职机遇

图 8.1 可能后果（从最轻微的后果开始）

2. 灾难化

在你低估自己的处理能力时,你还大大地高估了灾难的可能性,对可能出现的最坏结果纠结不已。比如,你没赶上截止期,于是就设想自己将要丢掉工作。或者你发了一条充满愤怒情绪的短信给某人,就认为你们的整个关系要破裂了。

ⓢ 测试一下

问自己:

- 我是不是在灾难化某事?
- 真正可能发生的最坏结果是什么?
- 最好的情形会是什么?
- 诚实地、现实地看,最有可能发生的是什么?
- 如果最坏的结果发生了,我可以做什么?我具备的哪些技能可以帮助我应对?

3. 望远镜拿反了

你夸大了消极事件的重要性,却忽视了那些无法支持消极想法的事件。例如，你将注意力放在曾经搞砸过的每一次，完全忽视了那些成功的时候。你过滤掉了所有的积极信息，只保存了消极的东西。

❺ 扮演魔鬼的代言人

有意识地找出相反的观点。比如说，如果你认为老板对你露有不悦之色，并且似乎所有证据都在支持这个观点（她没有回复你的邮件，她也没有在会上给予你应有的褒奖），那么你就可以决定，以积极的方式朝与这个信念相冲突的地方看问题。她是否对其他人也面露不悦之色？她是否在会议上给其他人予以褒奖了？她是否经常推迟回复别人的邮件？你可以通过向局外人征求意见来剖析当前情形。每当你成功地应对了类似的情境，或者每当事情的进展比你想得要好的时候，都记下来。

4. 本应该、本来会和本可以

你担心事情本应该是怎样的，其他人会怎么看你，以及按照你心里某些不成文的规矩你又应该做些什么。你常常滥用"应该""必须"和"无法"这些词汇，而且对你来说，自己从来没有做到最好，只有更好。

⑤ 停止判断和审查

把"应该""必须"和"无法"改成灵活得多的"可以"和"将要"。例如，把"我应该那样做的"改成"我可以（将要）在下次做"。你必须放弃那些不现实的内在需要，因为它们都是以事情本应该如何这种理想观点为基础的。让自己放松一些，当事情出错的时候，灵活的想法可以减少你的压力。

5. 品味失败

压力中的人倾向于思忖或玩味回忆，还都是回味以前发生的一些消极事件。缅怀以悲剧结尾的、或者有消极影响的过往事件，只会让你对未来更加害怕，就像你戴了一副灰色眼镜，使你看到的任何事情都投了一层灰色阴影。它不仅削弱你的信心，还阻止你前进、承担风险和自我欣赏。

❺ 接受不无法改变的情形

对于过去，你可以放松一些。因为遗憾与指责对任何人都不会有帮助。而且你已经根据当时你所拥有的信息做出了最好的决定，否则你就不会那样做了。接受已经发生的情形，从中学习，然后处理现在正在发生的和你能有所控制的事情。积极的行动可以让你感觉更为平静。

想法：做好战斗准备

你可以在日常生活中的每一天都使用上面所列出的这些策略。在你感到有压力的时候，它们能够帮助你对自己的现实情形进行更加真实的检验。从长远来看，你需要挑战自己的消极想法，挑战一些自发的消极设定，以便从根本上改变你自己的思维方式。

✍ 填写表格，回答表中所述问题，并以示例答案为参考：

日期/时间	情形或问题	情绪和生理反应	会有什么样的焦虑？这是什么样的思维偏见？	可替代的视角。使用关键问题来试着用其他视角看待具体情形。	更为平衡的观点是什么？
周四	和我妹妹吵了一架。	胃像打了个结，并感到一种罪恶感。	她对我已经很生气了，所以她几周内都不会和我说话了，还会任其他家庭成员面前抱怨我（跳到结论）并将事态次难化。	她需要一些时间去想清楚和恢复平静。她最终会和我联系的——因为曾经有过类似情形。	她可能生气，需要一些空间，她不会和家人抱怨的，因为她从来没这样做过。
周五	就我这段时期的表现而举行的一次工作会议。	紧张，焦虑，恶心。	他们会说我的工作做得不够好，然后延长我的试用期，因为我上份工作就发生过这种事（跳到结论，将事态次难化，品味失败）。	我从开始到现在一直都很努力工作，并已经得到很好的反馈。虽然还不知道会议会如何进展，但我没有理由在最坏的地方想。	他们可能会给出有建设性的反馈，告诉我虽然还有进步空间，但总体上我是努力工作的。我希望他们能让我转正。

- 发生了什么？
- 你在情绪上和生理上的感觉如何？
- 你认为可能会发生什么？
- 是否有可替代性的视角？有什么样的证据可以支持这些视角？
- 你能否确认自己有上文列出的那些消极自动思维？
- 你为自己设定的是一个无法实现或不现实的标准吗？
- 你是否只关注所谓的消极事实（其实根本不是事实）？
- 在事情该如何解决或者事件可能会怎样这些问题上，你是否高估了自己所具有的责任？
- 你是否低估了自己在处理问题时所能做的事情？
- 最有可能发生什么？

填写这张表格可以迫使你从情境中跳出来，这样就可以客观而理性地看待情境了。你可以很轻而易举地看出，各种不同形式的消极自动思维都是从哪里潜进来的，而且现在你可以用你所拥有的武器来对抗它们了。同时，你必须承认自己把一些模糊不清的假设当成了事实。在周四这个案例中，我们写道"她对我已经很生气了"，就好像这是既定事实。如果妹妹确实在几天前给我打过电话，并在电话里尖叫"我对你很生气"，那么这才能算是事实。但是，如果她没有那么做过，那我们为什么要把这陈述成事实呢？我们常常把自己做出的一些假设冠以事实的名目，但它们只不过是建立在我们自己的信念和解释基础上的。记住，在这样的想法面前一定要插入"我认为"，比如，"我认为她对我已经很生气了"。这会促使你去寻找证据反驳这个想法。填写这张表格，并使用我们提供的策略来挑战你的消极自动思维，这将从根本上改变你的思维方式，使你更好地解读事件。

温馨提示

√ 直面你的消极思维可以让你更平静。

√ 迫使自己变得公正,并承认消极中有积极的一面,向自己的假设发出挑战。

√ 消极自动思维不是不请自来的,是得到你认可之后它们进入你的大脑的,所以也应该由你来把它们踢出去。

09 停止拖延……此刻！

这一章是为所有那些座右铭是"我晚点再做"或"先不处理,说不定一会儿就自己解决了"的人准备的。回避压力事件,只会让事情变得更有压力。这里,我们要解释如何面对压力而不是害怕或躲避压力。

我就先做这个吧……

在处理某个问题的时候，不管是作为还是不作为，都能对你的压力感受产生巨大影响。不幸的是，在我们对某件事的可能后果感到害怕时（通过焦虑），人类都有一个共同特质，就是把事情往后推或干脆逃避。这个特质渗透在所有事情里，从"明天再来写派对的宾客名单好了"这样的小事或琐事，到"我不会辞职去上艺术学校的，因为我还不够格"这种事关人生转折的大事。

压力有损我们的自信心，并让事情变得更难以开始。当着手做一件事情可能会带来压迫感的时候，你就把事情往后推，然后越拖越久，直到事情变得越来越严重，最后变成一件紧急事件，必须立刻处理（就像宾客名单）；或者年复一年，这件事就会消磨掉你的自尊（艺术学校的梦想），直到你认为为时已晚。

逃避带来的效应

逃避或者拖延某件事，并不会让你有机会去推翻自己的消极信念。有时逃避似乎是一种相对容易的做法，但是，任何支持你不去处理事情的信念都不会长久。你的不舒适感在短期内可能会有所下降，但是你却可能耕种下更具破坏力的长期痛苦，此外还混杂着罪恶感与遗憾。因为你没有做想做或需要做的事情，所以你的感觉很糟糕，你还会因此而责怪自己。这样一来，最初的问题似乎就变得无法克服了。这个时候，你的或战或逃系统启动了，被拖延的任何事情此刻都变成了威胁，都让你觉得无能为力，其结果就是，你将不惜一切代价去逃避这件事。你的压力和焦虑水平不只是维持着与逃避之前一样的水平，实际上，它们还在上升，就像下面这个恶性循环图所展示的一样（图 9.1）。

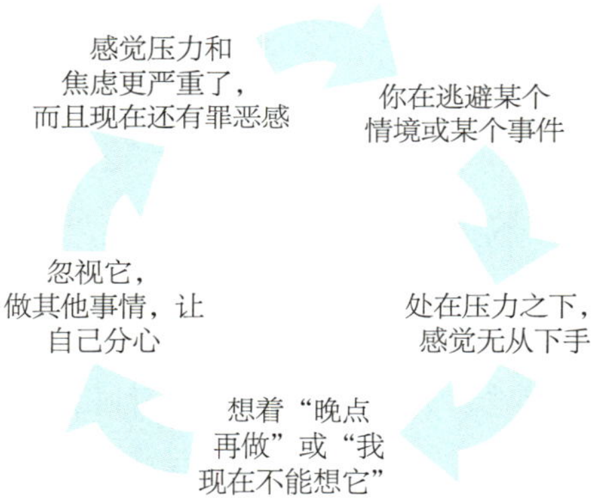

```
感觉压力和焦虑更严重了，  →  你在逃避某个情境或某个事件
而且现在还有罪恶感              ↓
       ↑                    处在压力之下，
忽视它，                     感觉无从下手
做其他事情，让                   ↓
自己分心          ←   想着"晚点再做"或"我现在不能想它"
```

图 9.1　逃避压力的恶性循环

逃避的类型

我们可以找出成千上万种理由，使自己有借口不去思考不受欢迎的情境和事件，下面列举的是一些常见的逃避策略，你可能认得一些：

- 通过做其他事情实现拖延，比如打扫、给朋友打电话、检查邮件等；
- 总是采用第 5 章所列举的分心策略，这不是用来对付你无法控制或无能为力的事情（比如"如果……怎么办"或者天气这样的事情），而是对付你能控制的担心或确实能够有所作为的事情；
- 非常努力地工作，以至于你没有时间来处理任何其他事；
- 无论是在工作还是在社交，不使自己停下来，所以你根本没有机会思考；
- 用酒精或药物来消除问题或麻烦；
- 安慰性的暴饮暴食；
- 运动过度；
- 做任何可以逃避问题或者避免自己去想这个问题的事情。

我们为什么要去逃避一些事情

有一箩筐的理由可以解释为什么你可能会逃避某事，但是主要理由如下：

- 害怕失败；

- 害怕做出错误的选择或决策；
- 因为你希望事情可以做得完美；
- 害怕失去控制；
- 害怕改变；
- 努力避免产生更大压力或焦虑；
- 因为你没有时间（讽刺的是，你在拖延的时候浪费了很多时间，所以现在你拥有的时间更少了）。

因为你认为自己可能会写不好论文，所以你不想开始，或者因为你觉得朋友可能会讨论一些让你不舒服的话题，所以你就逃避，不去见那位朋友，再或者为了防止听到坏消息，你就拒绝接电话。

你甚至可能把事情拖到最后时刻，只是为了向自己证明些什么，比如你觉得自己的论文或展示不会获得好评，所以如果你胡乱应付，当你真得了低分的时候，你就可以把责任归咎于没有花时间好好弄。你对失败或者不合格的恐惧使你蓄意地破坏自己的机会。这样一来，如果你真的不及格，你也可以告诉自己,假如你投入更多时间,你一定可以做得更好。

在人际关系上也是一样的道理。人们会因为害怕遭到拒绝而故意破坏某段关系。这样,当真的被拒绝时,他们就会责怪具体的行为,而不是审视问题的深层原因。这样做意味着你永远不可能有机会证明,如果你大胆尝试,你也许就可能写好论文或者在人际关系上获得成功。

有一些人试图通过某种习惯来维护自己的控制感,比如不断地检查事物,让所有事情都保持一定的秩序,或者频繁地请求别人的保证。这种行为通常可以用作拖延的工具,短期内是可以减少焦虑的,但是由于它无法解决实际问题,所以这意味着,当焦虑不可避免地回来时,你又要把所有的老仪式都重新来一遍,从长期来看,这对你来说更糟。

逃避某个情境,或者漫不经心地做事,你永远都不会有机会见证下述场景,即如果你面对这些问题并看着它们被克服,你就可以自然而然地赶走焦虑。焦虑不可能永远处在巅峰状态,通常一项任务的开始阶段也是最焦虑的阶段,所以一旦你开始面对问题,焦虑就已经开始在减少了(图9.2)。

如何击败思维压抑

在你逃避什么东西的同时,也绝对会压抑自己的思维,使自己不去想它。无论你多么努力地想分散自己的注意力,你所要回避的东西还是会无情地跟着你,就像从事秘密工作的间谍。在你进行的每一次对话中,所写的每一封邮件里,所饮用的每一杯酒水里,它都在,就潜伏在你的脑海里。这是非常有压力的,因此逃避本身也成了让人担心的事情。现在你不仅需要逃避情境,还要逃避你的想法和罪恶感。逃避很消耗时间和精力,它会让其他一些完全无关的事情变得似乎更加棘手。可能你还会注意到,自己变得易怒,对事情更加敏感,因为你已到了崩溃的边缘。

你的大脑正在以一种让人讨厌的方式运行着。当你努力不去想某件事的时候,这件事却恰恰成为你惟一可以想的事情。再次,这就像粉色大象,努力不去想它就意味着你正在想它。你的思维正在越来越关注它。

❺ 思维的训练

与其努力从脑海中扫除担心的问题,还不如就让它们来……然后再让它们离开。把你想要逃避某个情境的想法想象成是一列高速列车。下次,当这种想法闯入的声音传来时,你就可以看着它,并承认它……然而,不要上车。让这个声音自行消失吧。不要参与到这种想法中。

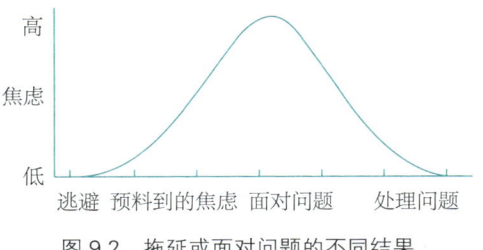

图 9.2 拖延或面对问题的不同结果

只要你练习这个技术，无论你用的是什么样的可视化想象，只要它有用就行（你也可以借用溪流上漂浮着的某片叶子来送走你的想法），然后你会发现，这些想法的出现频率会显著地下降，再后来，即使这个想法出现了，它也不会对你造成困扰。关键在于，你要承认这个想法，接受它，然后选择不沉浸其中。

面对你的恐惧

在你面对着某个可怕事件的时候，能否改变应对方式，对你是否能变得更为冷静、或者能否减轻压力都是至关重要的。在你逃避某件事情的时候，你不清楚自己要处理的是什么，这种感觉会欺骗你的大脑，让事情看上去比它本来的样子更难处理，所有这些想法会反过来让你产生无能为力之感。至少，如果你试着处理一下这件事，对你来说也将是莫大的希望。

是该咬紧牙关了。一旦你开始面对这些事情，很快你就会发现，它们要比你预期的好掌控得多，或者尽管它们难以处理，但是也总比明天、后天或一个月以后再处理要容易得多。

你必须向自己承诺，一旦开始就不能半途而废了，否则你将永远没有机会成功，也不可能再有机会推翻你的恐惧，从而证明自己有多能干。

ⓢ 列表，荣誉列表

- 列出你所逃避的事情；
- 对清单上的事情进行排序，从最简单的事情开始一直排到最难的事情，或者从最愉悦的事情排到最恐怖的事情（通常是同一件事）；
- 从列表上挑出最简单或者最愉悦的事情，并以此为起点着手做些什么。从容易的事情开始可以让自己更有动力去面对更难的事情，比如那些让你想想都做恶梦的事。你可以增加自信，并能感觉到，自己在处理更大的任务时会更有优势；

- 如果你拖延了某个重大事件，那你可以把这件事分解成多个小部分后再解决（见第 5 章的大事化小技术）。当一项大任务迫在眉睫时，它会给人造成很大的压迫感，你可以选择最后什么都不做。开始总是最艰难的部分，一旦你开始了，那么因逃避倾向而产生的罪恶感就会减轻，压力也会减少。

如果要处理更难的任务，或你觉得很可怕的任务，那么反面的步骤有助于增加你的掌控感：

1. 幻想你处在某个情境中或者正在处理某个问题，不过，要想象出最好的情况，画面中的你是最自信的那个自己。那确实是你，只不过是有史以来最好的你。

2. 想象那些毫无压力而且也没有被你拖延的事件或问题。你只是在处理着它们，做着你需要做的事情。

3. 你在处理的时候是如何超级有效率和自信？你会怎么做？你会想到哪些解决办法？是否存在一些潜

在的障碍？如果存在，你又会怎么克服它们呢？

4. 好吧，这部分可能听起来有点奇怪，但是不要停下来：幻想一个画面，你穿着什么，你怎么支持着自己，你声音的语调如何，你从周围看见了或听见了什么。想象一下你在哪里、你在什么样的房间里。

5. 现在想象一下，某个版本的你走进来了，这个你是真正没有安全感的你，也是你现在所看到的你。这个你会怎么看待这个任务呢？"这太难了，我没有足够的时间。"对此，自信版本的你会给出什么样的回复呢？他们会给出什么样的积极建议呢？他们能否面对或挑战那个战战兢兢的你，是否能挑战你做出的消极或焦虑的预期？（仔细回顾第8章，重新阅读有关挑战思维的一些策略。）毫无疑问，自信的你会给懦弱的你灌输一点他们的想法。

6. 将这个想象的剧本在你的脑子里仔细过几遍，直到它们看起来似乎不那么荒谬了。我们常常只是需要告诉自己如何精明地解决某事。其他人说多少遍都不重要，重要的是要我们自己说出来。

7.现在按照你自己的建议，慢慢上手。自信的你清楚地陈述了潜在的问题，并开始寻找解决办法，所以应该不存在令人不悦的情形了。

8.如果这些对你没用，那你可以找个朋友或者伙伴，在你解释自己将如何开始面对这个情境或问题的时候，可以让他们陪在你身边。经常听自己大声地描述某个计划，相当于背后给自己一个助推力，而这正是你要真正开始处理问题时所需要的。另外，不要忘记，仅仅这样做就足以表明你不是一味地在逃避，而是已经开始面对问题了，这一点非常重要。

应对预期性焦虑

一旦你在计划表中划掉了一些事情，并对拖延症成瘾有所控制，那么我们就可以把现实处境陈述出来了，这样以后你再遇到问题的时候，你就不太可能把问题归类在"不惜一切代价逃避"这个名目下了。

你在或者曾在逃避什么?	让人害怕的后果是什么?	它的可能性有多大?(0=很可能;10=不可能)	实际后果是什么?	实际后果比预期好还是坏?	你处理得如何?
开始做一项很重要的工作	怕做得不够好	9	我的老板认为里面有一些意见是可取的	好多了	还好
要去和朋友们见面	我觉得很焦虑,所以我怕见面不会愉快	7	见到他们了,并且非常愉快。完全扫除了我心中的焦虑	好多了	真的很好
参加驾照的理论考试	我复习得不够,肯定不会通过的	10	我确实没及格,但只差2分。如果我再复习一下,下次应该很容易就过了	一样	尽管我没有通过考试,但这件事也没有我想得那样严重
打电话预约医生	我不想打电话,以免我不得不解释为什么要看医生	7	我打了电话,他们问了一些小问题,并没有让我觉得尴尬	比预期好	真的很好

正如我们已经讨论的那样，在我们感到焦虑的时候，我们的大脑会让我们认为各种奇怪反常的事情都有可能发生，它自己则从中得到乐趣。我们预期的后果是极不现实的。但是，现在你已经面对了自己的一些恐惧，它们几乎从来没有像看上去那样可怕过，这些事你本应该一开始就知道的。

你在"面对自己的恐惧"列表上划掉了一些事情，根据这些事情填写一页的表格。我们对真实结果的关注总不如对所害怕的结果的关注多，尤其是，当真实结果反而还不错的时候。在事情变得糟糕时，我们会反复思索，而当事情顺利的时候，我们却不会这样。如果你记下真正发生了什么，那在你下次经历痛苦的时候或者需要一些动力的时候，就更有可能回想起一些积极的结果。

你可以在日常生活中运用这个技能，记下你正在逃避的任何压力，并重新填写你是如何处理的。即使你所害怕的后果真的发生了，你也极有可能处理得很好并以此增加信心。

在开始面对压力之前或在开始处理问题之前,你所感受到的与你完成某件事后所感受到的完全无关。正如我们说过的,对未来的最好预言家是过去,所以你越是经常表现出一种崭新的、积极的行为方式,你就越有可能重复这些行为,你的信心就会增加得越多。如果你已经习惯了拖延,那么你也只能继续拖延下去了……除非你选择改变。

温馨提示

- √ 直面恐惧并迎头处理问题可以建立起你的信心,让你那颗怀疑的脑袋确信你可以做事,你也可以处理问题。
- √ 只要开始做被自己拖延的事情,或者只要面对你所逃避的事情,你的焦虑和内疚水平就会下降。
- √ 事情的结果永远不会像我们焦虑的大脑所预期的那样糟。向自己证明这一点,只要你开始处理已经拖延的事情。

10 怎么保持平静

现在你有了一些固定策略可以帮助自己度过最糟糕的慌乱时刻了,为了能全天候地保持禅一般的心境,你确实应该将注意力集中在自己能够处理的更为一般的事物上了。

获得健康

震惊吧，惊骇吧，健康对你来说是好事！是的，我们知道这不是新闻，但是我们也知道松饼要比沙拉更吸引人的食欲。关于我们自己，确实有一些很基本的事实，却很容易被忽略掉。在今天这个疯狂的社会，讲究的是"一秒钟做完所有事，有好处就先拿着好处"，因此人们很容易把事情往后推，然后就忘了，或者选择速战速决。这不仅和饮食有关，这和所有事情都有关。我们快速地吃东西，快速地讲话，快速地交朋友又失去朋友，也快速地工作。当每件事都在嗖嗖进行的时候，我们希望现在可以感觉良好，并认为无聊的是未来。我们忘记了，速战速决向来是不经济的（这就好像要在潮湿的地方绘画，或者几杯玛格丽特酒下肚之后,你要给自己剪头发）。

当你感到压力并觉得低落的时候，你很容易退却，转而拾起一些坏习惯好让自己能快速地爆发一次，比如安慰性的暴食、逃避、喝酒或者嗑药等。它们或许能带给你一丝慰藉，但其效果通常都非常短暂。然后，你要应付放纵之后所产生的罪恶感以及本来就有的焦虑。要感受平静，只需要拥有健康的生活方式，这是多么容易和快捷的方法啊。

80/20 法则

在生活中应用 80/20 法则。我们的目标是，在 80% 的时间里过得好好的，留 20% 让自己可以松懈。没有人是完美的，变健康是一件永远都不应该成为负担的事情。将这里的建议融入到你的生活中去，会让你在如何看待自己以及如何继续生活上有很大的不同。

通过食用健康的食物、限制过度饮酒、避免过度饮用咖啡和获得足够的睡眠，你的抗压水平就能大幅度增长。不过不只是你的生理健康,你还可以采取一些措施让自己的心理也更健康,你可以暂停工作,慢下脚步,谈谈自己是怎样感受的或探望一下你的伙伴们。在你感觉不开心的时候,这些事情都很容易被忽略。

❺ 食用减压食物

健康的饮食可以减少压力带来的影响,增强你的免疫系统,并降低你的血压。每个人都是不同的,人们喜欢吃什么、或者为了维持健康的体重能够吃什么,这些情形在个体间也是极具差异的,但毋庸置疑的是,有些食物对减压非常有用:

- 富含维生素C的食物有助于让血压和肾上腺皮质醇恢复到正常值,比如百里香、荷兰芹、花椰菜和猕猴桃。
- 杏干和绿叶蔬菜(如菠菜)含有镁元素,这对身体健康很重要。镁元素有助于稳定正常的血压、帮助入眠、增强血液循环、预防骨质疏松、促进新陈代谢和缓减肌肉疼痛与痉挛。缺乏镁元素可能会出现的症状有：心颤、偏头痛、肌肉抽搐或痉挛。饮用过多的咖啡、食用高糖的食物或吞食过多的快餐都会降低你体内的镁元素水平。你可以服用补镁剂，但是要和你的药剂师沟通以确定适合自己的剂量。

- 麦片粥和香蕉都含有5-羟色胺，这是一种让你感觉愉悦平静的荷尔蒙。
- 鱼肉（如鲑鱼和金枪鱼）含有 ω^{-3} 脂肪酸，这种脂肪酸可以防止压力荷尔蒙肾上腺素和肾上腺皮质醇的激增，也能预防抑郁症和经前综合征。
- 坚果含有各种维生素。杏仁含有维生素 B 和维生素 E，这能增强你的免疫系统，也是提供健康脂肪的良好途径。
- 鳄梨和香蕉含有钾元素，它们有助于降低血压。

ⓢ 运动

运动不仅可以显著降低压力，而且，运动引起的流汗和血液流动加速也可以让自己从压抑的挫折和攻击性中逃离出来。在你运动的时候，身体消除了压力期间所产生的一些生化变化，并通过释放一种让你感到愉快的物质，即安多芬，自然而然地给你注入活力。它还能稳定你的血压，对你的心脏也有好处。

如果你不习惯运动，可以慢点开始，或许你可以到健身房和你的私人教练谈谈什么是最适合你的，或者也可以和你的全科医生聊聊。

确保自己做的事情是你所享受的。如果你讨厌慢跑，并且很多年都没有因为运动流过汗了，那么当你向自己以及所有能听到你讲话的人许诺要跑马拉松却做不到时，就只能以悔恨交加来作为结束了。通过制定现实可行的目标，参与确实让你享受的活动，比如散步、游泳或者跳舞，这些活动更有可能坚持下来。

⑤ 减少（或戒掉）酒、药、尼古丁和咖啡因

在你出现心颤或在你的双手开始颤抖之前，这些都

是好玩的游戏。酒、药、烟草和咖啡因很容易上瘾，从长远来看，在你有压力倾向的时候，它们只会加重你的问题（没错，甚至是咖啡因）。咖啡因和尼古丁有刺激作用（一些放松性的药物也这样），它们能够模拟或战或逃反应，也就是焦虑的生理症状。摄入太多时，你会觉得脑子里嗡嗡作响，短期内你可能感觉这很好，但是不管怎样，都会不可避免地引起最后的崩溃，这对你而言将是当头一棒。另外，如果你正处在或战或逃模式，然后喝了一杯浓咖啡或者气泡饮品（大多含有咖啡因），那么你的身体就会不知道如何处理。你只是加重了自己已经在体验的症状。

酒精是一种抑制剂。它减缓了你的呼吸频率，延长了反应时间，还松弛了你的肌肉。每个人都有不同的忍耐水平，毫无疑问你知道自己的极限在哪里，所以请注意，在你感到有压力的时候还要处理宿醉并不是什么好主意。你将触发宿醉后的内疚和偏执循环，然后转而诱发或战或逃反应。

大体上的规则是，要知道自己的底线。在感到压力的时候饮用一杯酒或咖啡可以获得极大的平静，让自己举杯的行为可以让人放松。问题在于你喝得太多了，或者喝的时机不合适，因而你还必须考虑后果。我们也不希望自己听上去像是某个派对上爱抱怨的老奶奶，但是这些简单的方法真的可以让你不再为额外的事情担心。

⑤ 获得足够的睡眠

睡眠对平静的重要性是不会被高估的（它是如此重要，所以我们写了整整一本书来讲这个主题，即《告别失眠的折磨》）。睡眠不足是压力和焦虑的常见症状。如果你睡眠质量不好，那你有必要尝试并坚持下述方法，每天在同一时间上床睡觉并在同一时间醒来，这样你的身体就知道什么时候是该睡觉的。同时要避免白天的各种打盹，也不要大量摄入咖啡因、酒精或尼古丁，因为这些东西会打乱你的睡眠周期。

你可以做一些实用的事情来改善你的睡眠习惯。如改善睡眠环境就是一个简单的突破口。为了让你进入到适合睡眠的精神状态，有必要保证自己的休息环境是吸引人的、受欢迎的和平静的。这主要取决于你的个人偏好，并因人而异，不过将自己的房间变成放松的地方，对谁来说都算是一个不错的起点。你需要考虑的事情有：

- 舒适。你的床是否太软或太硬？
- 光线。越暗越好，因为当外界有光线时，人会自动醒来。如果你的房间不够暗，可以考虑买遮光帘或者眼罩。
- 噪音。即使你认为自己在台风来的时候也能睡着，但是当你感到压力的时候，你对干扰物会更为敏感,而噪音是最大的干扰物。如果你的房间太吵，可以买耳塞。
- 温度和空气流通。如果你感到很热，那么你是很难睡着的。一个凉快的房间更容易让人入睡，不过要确保自己不会太冷。

慢下脚步

精神上

现在,每个人都有一台智能手机、iPad、黑莓手机、MP3 播放器,甚至不止一台。我们能随时被联系上,而且我们对自己应该被联系上心存期待。长时间在线或者扎根于社交媒体能让人安心,使我们觉得我们是在联系中,是与时俱进的,甚至当帖子有人回复或点"赞"的时候,我们都能感到有认同感。

然而,科技带来的超负荷能说明为什么我们压力这么大。(我们可以打赌,今天早晨你醒来做的第一件事就是检查手机,甚至人还没伸展一下。没有吗?好样的,不过这样你就属于少数派了。)我们从不失联,除非我们齐心协力想要这样做,然而,接着我们就会担心从网络世界离开后会造成的后果。

如果这听起来像你,那么请开始留意自己的在线时间有多长,或者留意自己把这些电子的小东西拿在手上的时间有多长。通常，我们都是因为无聊而自动去拿起手机的。不要这样了。给自己明确的关机时间。例如，告诉自己，在明天早晨离开房间之前都不能看手机。你可能会很惊讶这种感觉居然这么奇异，而你自动去拿手机的频率居然这么高。我们保证，如果现在你让自己离开电子设备一小时，那么一会儿你就能给自己的大脑带来一些喘息的空间。

生理上

人们不管在哪里都是行色匆匆，这已经成为了日常生活的一部分，但是这却是很有压力的事。当你匆匆赶路时，你的身体得到一个印象，那就是你要迟到了，这会让你感到焦虑。我们想不到（如果你想到了，可以随时告诉我们）在哪个单独情境中，迟到是没有压力的。（如果你的迟到是随大流的，那么这不算真正的迟到，明白吗？）做任何事情都给自己留 5 分钟的宽裕时间，这能让你的身体慢下来，这意味着你不用在人群中挤出一条路，或者像变戏法一样耍着四个包在台阶上跳跃。如果你给自己多一点时间,那每件事都会更容易。

只要用走路代替小跑,就能让你看上去是平静的,这种平静是会蔓延的。你在他人面前以及在自己面前都会表现得更具控制力。

一次只专注一件事可以确保你在生理和精神上都慢下来。不要同时执行多项任务,你自然就会感到平静了。

❺ 说话

说话很重要。克制自己的情绪只会导致更多的压力、担心和焦虑,还可能引起某种东西的爆炸。

跟人们交谈有助于反映你周围发生了什么,还能获得不同的视角、建议和支持。有时候,仅仅是大声地把某件事说一遍就能给自己留出一些距离,这有助于我们把事情想得没有自己开始构建的那么糟。

老话总是有一定的事实依据的："分享一个问题，问题就会减半"，这就是一个很好的例证。尽管问题并不会因为你说出来就消失，但是感觉就好像有了同盟一样，不管你面对什么，你都会自然地觉得没那么可怕了。

虽然我们并不建议咆哮或对每一件小事都怒吼一番，但是逃避与你真正相关的问题只会引起沮丧、无助和愤怒。聊这些事情可以解除负担、消除误解、提出解决办法，并减少你的孤独感。

ⓢ 看到有趣的一面

笑几乎对任何事物来说都是最好的药。来自牛津大学的研究者们发现，笑可以促使人体释放安多芬，安多芬是自然的疼痛杀手，所以在愉悦的大笑之后，你必然会感觉好多了。科学家将参与人员分成两组：要求一组人看15分钟号称"无聊"的节目（例如，严肃的高尔夫联赛），要求另一组看15分钟的喜剧节目。科学家们发现，人们在刚经历过捧腹大笑后要比他们之前忍受疼痛的能力提高10%，而另一组则更不能忍受疼痛。

所以你知道了，笑对你是有好处的。你将感觉到自己在生理上能应对得更多了，也变得更为平静了。你将让自己的大脑得到休息，不再感到有压力，也没有那么紧张，并对事实上会发生什么有了更好的看法。

⑤ 避免不必要的冲突

生气和冲突常常成为压力的副产物，因为我们更容易恼怒和沮丧。例如，你在开车的时候就会感到压力，这时你更可能冲其他司机喊叫，并讨厌这个旅程。生气就像魔力粘，它粘上你了，而且很难摆脱。一旦你有一点点恼火，那么，哪怕很小的事情也可以引起你的爆发。

当生气水平很低的时候，生气可以是有用的，它可以让你维护自己，也可以是很好的动机源。然而，如果一直觉得很恼火，那么你就会变得更消极和更不自信，而且此时的你也很难相处。

下次当你感觉生气的时候，可以先做 5 次深呼吸。发邮件或面对面发泄不满只会恶化情况，使你更生气。不要寻衅生事。变得有攻击性并没多大意义，因为唯一有损失的就是你。无论发生了什么，无论你感觉有多委屈，如果你深呼吸 5 次（做的时候要数出来），你就会觉得事情会更好掌控了，同时，若有可能，请让自己离开这个情境几分钟。这会降低你的心跳，使你感觉更受控制。当你冷静下来了，请重新评估情境。生气会让你带有偏见，所以你会觉得事情非黑即白，忽略了整个灰色地带。处理这个问题的惟一办法就是，在你还没想清楚的时候不要草率决策。如果你仍然觉得必须采取强硬的回应，这时你可以写那封邮件了，或者带着质疑同那个人对质，但在你最激动的时刻不要这样做，因为这时你的决策是不明智的。

❺ 花时间陪家人和朋友

我们不能低估社会支持的重要性。虽然你可能觉得不想出去,但是和亲朋见面可以让你暂别烦心事,它能提醒你,还有一个没有烦恼的外界。

下一步……

将所有的策略应用于实践,这样可以确保,无论发生什么事,你都能保持冷静和镇定,使所有事情都更受掌控。在生活中,你可以每天做一个小的改变,聚少成多,最后就能产生大的变化。你会感到更有控制感,更满足,更开心。可以肯定的是,这会让你更好地直面压力。

温馨提示

√ 通过加强运动和注意饮食来保持健康,你会觉得更有能力面对问题。

√ 身心都慢下来,你的大脑会得到更多的喘息。

√ 无论你的生活将发生什么,交流和社会支持是必要的。

结语

恭喜！你终于看完了最后一章，真心希望现在的你会比刚开始看这本书的你要感到平静得多。无论是开始采取行动，还是拒绝把压力和焦虑视为生命中永远存在的东西，这些事实都是你应该感到骄傲的。

无论生活丢给你的是什么，如果你对自己更有信心，那么请轻轻地拍拍自己的后背，打开一瓶汽水，或跳一段吉格舞。做这些改变已经很难，还会继续难下去，所以能意识到自己走了多远是十分重要的。不要低估自己的成就，放平心态，因为即使只是平静了一点点都是值得庆祝的事情。

下述问题可用来测量你已经走了多远，请回答：

1. 阅读完本书，你感觉怎样？
    A. 一样——没什么变化

B. 好了一点点——开始思考这些问题了

C. 好了——有了一定程度的提高

D. 太神奇了——发生了彻底转变

如果你的回答是 A，那么你是否真的全心投入到这些策略上了呢？你是否想要再次尝试它们？如果你的困难依然存在，这本书并没有带给你所期望的帮助，那么我们建议你去咨询你的全科医生，他应该能提供进一步的治疗建议。在本书的后面附有一些有用的资源和网站。

如果你的答案是 B~D，那我们很为你高兴，不过只有你继续将学到的东西应用于实践，事情才能变得更好。

2. 哪些特定技能或策略对你来说最有用？确保自己一直在保持练习，直到它们变成了你的习惯。

3. 所有章节的末尾处都有"温馨提示"，哪个最能引起你的共鸣呢？在一个笔记本或日记本中记下这个列表，这样一来，每当你需要提神，或者相反，需要吸取一些教训，你就可以直接拿过笔记，快速浏览并鼓励自己了。

4. 有什么支持网络可以帮助你保持自己已经学到的东西？如果你还没有告诉你的亲朋好友你在做什么，请考虑告诉他们。他们的鼓励是无价的，也是鼓舞人心的，把事情大声说出来对你会有帮助的，它能为你和问题之间留一些距离，使你能清楚地思考问题。

5. 你认为自己将来可能会因为什么阻碍而忘记课程中学到的知识？写下这些可能的阻碍，然后想一下是否有什么解决方案。

6. 你是否会逃避问题，是否会把面对问题和解决问题往后推迟？

7. 你是否会忽视"如果……怎么办"和任何你无法控制的担心，然后只专注于你自己能解决的问题？

8. 你会寻找情境中所有的消极因素和积极因素吗？

9.再次回顾第2章的症状列表。你是否有很多症状好转了?

10.你准备什么时候开始进行不一样的思考?

  A.我已经开始了

  B.今天

  C.明天

  D.下周

  E.明年

  F.无所谓

这些问题不是为了为难你或者让你感到焦虑,答案无所谓正确或错误。这是一个机会,你可以借此评估自己的感觉,以及是否愿意专注于任何特殊的领域。你现在有了更好的工具处理压力,怎么用就看你啦。如果你有兴趣做一些改变,那我们欢迎并致敬。这真的很难,但很值得。而且,很有效哦。

如果本书中你还有一些内容无法应对,不要担心。翻回去,再试一次,提醒自己打算做什么以及为什么做。要改变你的行为和思维方式是非常困难的，尤其是已经多年的习惯。不过，还是有可能的。通常最难的部分是考虑用不同的方式做事情，但是通过阅读本书，你已经通过这个阶段了！告诉自己，你会尝试每一件事，然后看事态的发展是怎样的。不要幻想自己可以一夜改变，不要给自己太多压力。这些事情都是费时间的，但这些时间是值得付出的。不幸的是，你无法完全消除压力或焦虑，它们是生活中的一部分，但是它们不应该左右你的人生。

现在在这里，你的感觉好一些了，并开始规划未来。我们希望你能确定一个目标，好让自己朝它前进，使自己感到有方向或希望，感到成就或满足。这就像是每天的任务清单，只不过是建立在宏大一点的水平上。你可以同时制订短期、中期和长期目标。开始思考你希望自己在下周、下个月或明年在做什么和有怎样的感受。思考下一步你想要做什么，制订一个真实的计划，这意味着你更有可能实现这个目标。评估你特别喜欢的策略，并计划你准备怎么使用这些策略，它们能够怎么帮助你实现目标。有一种测量进度的方法，你可以定期重新阅读本书，两个月后或者一年以后，然后评价自己下次的感觉会有多么不同，并清楚地将这些想法记在脑海里。同时，保持浏览笔记本的习惯。它可以提醒你，之前你是怎么处理问题的，同时也能提醒你，之前你的确处理过。不要忘记，过去的行为是未来事件的最好预言家。你曾经历过压力和焦虑，并顺利度过，那么下次你依然也会顺利度过。

最后都是关于做出改变的。当然，你会跌倒几次，但如果你坚持使用这些策略和技术，它们就会持续发挥作用。将它们天衣无缝地编织到你的生活里，用这些原则来指导你前进,你将感到更开心、更平静。

记住：压力并不应该控制你，你可以恢复并保持自己对生活的控制力。你正在通向更幸福、更平静的道路上，无论发生什么都对自己处理问题的能力更有自信心的道路上。

祝你好运！

拓展阅读

Helen Kennerly, overcoming Anxiety (London, Constable & Robinson, 2009)

Lee Bronson and Gilliant Todd, Overcoming Stress (London, Constable & Robinson, 2009)

Robert Leahy, The Worry Cure (London, Piatkus, 2008)

Dennis Greenberg and Christine Padesky, Mind Over Mood: A Cognitive Treatment Manual for Clients (New York, Guilford Press, 1995)

有用的网站

MIND, The National Association for Mental Health: www.mind.org.uk

Axiety UK: www.anxietyuk.org.uk

Mood Gym: https: moodgym.anu.edu.au

Living Life to the Full: www.llttf.com

The British Sleep Society: www.sleepsociety.org.uk

Moodjuice-Sleep Problems: www.moodjuice.scot.nhs.uk/sleepproblems.asp

The Centre for Clinical Interventions: www.cci.health.wa.gov.au/resources

The Mental Health Foundation: www.mentalhealth.org.uk

The American Mental Health Foundation: americanmentalhealthfoundation.org

The Beck Institute: www.beckinstitute.org

Cruse Bereavement Care: www.cruse.org.uk

Relate: www.relate.org.uk/home/index.htlm

Frank : friendly confidential drugs advice : www.talktofrank.com

Alcohol Concern : www.alcoholconcern.orguk

The British Psychological Society : www.bps.org.uk

The British Association for Behavioral & Cognitive Psychotherapy : www.babcp.com

Samaritans : www.samaritans.org

致　谢

感谢所有相信这套丛书，并使它们最终得以问世的人们。在此，我们要对自己的家人致以最诚挚的谢意，尤其是本、杰克、麦克斯以及伊迪。同样感谢我们的代理人珍·格雷厄姆·莫为我们提供了诸多的良好建议，感谢我们的编辑克里·恩佐那富有感染力的热情，以及佩吉·萨德勒无与伦比的设计技巧与能力。最后，杰瑟米还要感谢所有教导过她、支持过她及激励过她的心理学家、健康专家和来访者们。